*A. Kistner*

# Geschichte der Physik 1

*Die Physik bis Newton*

*A. Kistner*

**Geschichte der Physik 1**

*Die Physik bis Newton*

*ISBN/EAN: 9783955622664*

*Auflage: 1*

*Erscheinungsjahr: 2013*

*Erscheinungsort: Bremen, Deutschland*

bremen
university
press

Sammlung Göschen

# Geschichte der Physik

## I

## Die Physik bis Newton

Von

**A. Kistner**

**Professor an der Großh. Realschule zu Sinsheim a. E.**

**Mit 13 Figuren**

Leipzig

G. J. Göschen'sche Verlagshandlung

1906

Spamersche Buchdruckerei in Leipzig.

# Inhalt.

# Literatur.

Gerland, Geschichte der Physik. Leipzig 1892.

Gerland und Traumüller, Geschichte der physikalischen Experimentierkunst. Leipzig 1899. (Behandelt die Entwicklung der physikalischen Apparate bis etwa 1850.)

Heller, Geschichte der Physik. 2 Bde. Stuttgart 1882—84. (Gibt eine gute, aber nicht übersichtliche Darstellung bis Robert Mayer.)

Poggendorff, Geschichte der Physik. Leipzig 1879.

Rosenberger, Geschichte der Physik in Grundzügen. 3 Bde. in 2. Braunschweig 1882—90.

---

Dühring, Kritische Geschichte der allgemeinen Prinzipien der Mechanik. Berlin 1873.

Hoppe, Geschichte der Elektrizität. Leipzig 1884.

Mach, Die Mechanik in ihrer Entwicklung historisch-kritisch dargestellt. Leipzig 1883.

---

Brauchbare, meist gekürzte Übersetzungen der Originalabhandlungen von Galilei, Guericke, Huygens usw. bieten: Ostwalds Klassiker der exakten Wissenschaften. Leipzig.

# Einleitung.

Der im Wesen der Wissenschaft begründete Mangel an großen Ereignissen, die in jedermanns Munde und in der zeitgenössischen Literatur fortleben, bietet für eine eingehendere Darstellung des Entwicklungsganges der Physik beträchtliche Schwierigkeiten. Für die uns näherliegende Zeit seit dem Aufblühen der Buchdruckerkunst haben wir zwar in den Originalpublikationen der Physiker wichtige Anhaltspunkte, müssen jedoch leider oft genug die recht schwierige Entscheidung bezüglich der Priorität treffen.

Naturgemäß häufen sich die verschiedenartigen Hindernisse bei dem Verfolg der physikalischen Wissenschaft während des Altertums und des Mittelalters, weshalb man sich dessen stets bewußt sein muß, daß die Mitteilungen über diese Zeiträume sehr häufig nicht unumstößliche Wahrheiten sein können, sondern nur einen nach dem neuesten Stand der Forschung hohen Grad von Wahrscheinlichkeit beanspruchen dürfen.

---

# Geschichte der Physik im Altertum.

## Die Babylonier und Ägypter.

Das Volk der Babylonier mit seiner in geheimnisvolles Dunkel gehüllten Kultur ist in den letzten Jahren mehr als je in den Vordergrund des Interesses der Laien- und Gelehrtenwelt getreten, man erinnere sich nur des heftig entbrannten Babel-Bibel-Streites. Eine reiche Fundgrube von Dokumenten herrlicher Kulturarbeit ist uns besonders durch die umfassenden Ausgrabungen der deutschen Orientgesellschaft erschlossen worden. Mehrere Tausende von Tontafeln aus der Bibliothek von **Asurbanipal** in Ninive belehren uns heute über die Kenntnisse der Babylonier und Assyrer aus den Gebieten der Religion, Geschichte, Mathematik, Astronomie usw. Doch ist augenblicklich unser Wissen über die Geisteswelt jener Zeit noch in mehr als einer Richtung dürftig zu nennen, leider gerade auf dem Gebiete der Naturwissenschaften. Wir können nur hoffen, daß aus jenen mächtigen Schutthaufen, die in früheren Jahren meist recht unsystematisch durchsucht worden sind, noch eine Reihe von Keilschriftziegelsteinen herausgefördert werden möge, die uns über die Erforschung und Verwertung der Naturkräfte reicheren Aufschluß geben können.

Soweit wir das heutzutage zu übersehen vermögen, besaßen die Babylonier ein wohlgeordnetes Maßsystem. Die Einheiten für Längen-, Flächen-, Raum-, Gewichts- und Zeitmaß waren durch einen Würfel festgelegt, dessen Seitenkante eine babylonische Elle betrug. Nach zwei Statuen aus dem dritten Jahrtausend vor Christi Geburt hat man auf eine Größe der Doppelelle von 990—996 Millimetern geschlossen. Sie stimmte dadurch allerdings mit der Länge des Sekundenpendels für den dreißigsten Breitengrad überein, woraus man jedoch nicht, wie das geschah, die Folgerung ziehen muß, daß die Elle nach dem Sekundenpendel bestimmt worden sei und dieses gar als Zeitmesser gedient habe. Man gebrauchte vielmehr auf den Sternwarten Wasseruhren, eben jenen Würfel, aus dem sich das Regenwasser, mit dem er gefüllt war, durch eine Öffnung von bestimmter Größe in einer als Einheit angenommenen Zeit entleerte. Die Schattenangaben eines Gnomons[1]) dienten dabei zur notwendigen Regulierung.

[1]) Vergleiche Sammlung Göschen Nr. 92. S. 15. 39.

Als ein wichtiges Ergebnis der astronomischen Studien im Zweistromland müssen wir u. a. die Einteilung des Kreises in 360 Grade betrachten. Man setzte nämlich das Jahr zu 360 Tagen an, was um so verzeihlicher ist, als sich die Bewegung der Sonne an den Solstitien schlecht beobachten läßt. Ein Grad (= Schritt) stellte somit den Weg dar, den die Sonne an einem Tage im Tierkreis zurücklegte. Ob das Sexagesimalsystem, wie auch wir es noch bei der Winkel- und Stundenteilung gebrauchen, daher rührt, daß bei der einfachsten Zerlegung des Kreises, nämlich in sechs gleiche Teile, Winkel von 60° auftreten, kann hier nicht entschieden werden.

In den Ruinen von Ninive wurde durch Layard, einen bedeutenden englischen Forscher, eine plankonvexe Linse aus Bergkristall aufgefunden, die im Britischen Museum aufbewahrt wird. Bei einem mittleren Durchmesser von 3,8 cm und einer Dicke von 0,5 cm besitzt sie eine Brennweite von 10,7 cm. Ob diese Linse als Brennglas oder Lupe gebraucht wurde, läßt sich nicht entscheiden, vielleicht hat sie überhaupt nur als Zierat gedient.

Ein interessanter religiöser Gebrauch, das Wahrsagen der Sonnengottpriester aus Öl, verbürgt uns die Kenntnisse der sog. Ausbreitung von Flüssigkeiten und der Interferenzfarben. Man ließ nämlich in ein Becken, das heiliges Wasser aus dem Euphrat enthielt, ein wenig Sesamöl fallen und beobachtete dessen mannigfache Bewegungen, seine Ausbreitung und die auftretenden schillernden Farben, woraus man Schlüsse für die Zukunft zog. Man ist erst neuerdings (1905) mit diesem Gebrauche der babylonischen Priester bekannt geworden und muß daher die Anschauung fallen lassen, daß die auf pompejanischen Wandbildern dargestellten Seifenblasen uns die ältesten Beweise für die Kenntnis der Farben dünner Blättchen darbieten.

Schon etwas besser als über Babylonier und Assyrer sind wir über die Ägypter unterrichtet, zumeist durch die Baudenkmäler, die drei Jahrtausende überdauernd in uns noch heute Bewunderung erwecken und durch ihren bildlichen Schmuck und die Inschriften höchst wertvolle Aufschlüsse verschiedenster Natur liefern. Erklärlicherweise ist die Ausbeute des Bildermaterials für unsere Zwecke schon deshalb nicht sehr groß, weil Darstellungen irgend eines Vorgangs meist bis auf die Inschriften in der gleichen typischen Weise angefertigt sind.

Wir finden gelegentlich Skizzen von dem üblichen Ziehbrunnen, einem zweiarmigen Hebel, der in gleicher Einrichtung unter dem Namen „Schaduf" auch im heutigen Ägypten noch zum Bewässern gebraucht wird. Ein aus der Zeit der achtzehnten Dynastie stammendes thebanisches Gräberbild zeigt uns einen Mann, der einen Saugheber durch Anziehen mit dem Munde in Tätigkeit setzt und einige andere im Betriebe hat. Andere Bilder zeigen uns die Verwendung von gleicharmigen Wagen in der Höhe eines Mannes. Statt der fehlenden Zunge gibt ein Senklot die richtige Stellung des Wagebalkens an. Die gewölbten Schalen werden mit Gewichten belastet, die die Gestalt von Tieren usw. haben. Die Fabrikation von Glas, die Benutzung von Lederblasebälgen, die mit den Füßen getreten werden, findet man gelegentlich dargestellt. Auf Bildern, die uns in die Toilettengeheimnisse der vornehmen Damen Ägyptens einweihen, bemerkt man mehrfach Spiegel, von denen man auch kunstvoll verzierte Exemplare aufgefunden hat. Als spiegelnde Fläche dient eine polierte Metallplatte.

Der Bau der Pyramiden mit ihren kolossalen Steinmassen erforderte bedeutende technische und praktisch mechanische Kenntnisse und gibt sogar unsern tüchtigen Ingenieuren noch manches ungelöste Rätsel auf. Die jetzt etwa 5000 Jahre alte größte der drei Pyramiden zu Gizeh, diejenige des Königs Cheops („Chufu"), besitzt z. B. eine genau nach den vier Haupthimmelsrichtungen orientierte quadratische Grundfläche von 233 m Seitenlänge und ist jetzt trotz ihrer abgebröckelten Spitze noch 146 Meter hoch. Dabei hat der zur Königskammer führende Gang die Richtung der Erd- und Himmelsachse. Herodot nimmt an, man habe die Cheopspyramide in der Art einer Stufentreppe angelegt und dann mittels Holzbalken die weiteren Steine emporgehoben. Viel wahrscheinlicher ist aber die Verwendung von Kranen oder von sanft ansteigenden Sanddämmen (schiefe Ebenen!), auf denen man das Steinmaterial herbeiwälzte. Jedenfalls waren solche Arbeiten nur durch Beschäftigung riesiger Menschenmengen möglich, wie dies auch aus zahlreichen uns erhaltenen Abbildungen ersichtlich ist. Es handelte sich bei solchen Bauten um Probleme, wie sie unsere moderne hochentwickelte Technik selbst unter Aufwand der kräftigsten Hebemaschinen nur mit großen Schwierigkeiten bewältigen könnte. Man denke z. B. nur einmal daran, daß der in einem Vorhof des Ammonstempels zu Karnak unter Thutmosis III. erstellte Obelisk ein Monolith von etwa 374 000 kg Gewicht ist.

Auch in der Wasserbautechnik haben die Ägypter bedeutende Leistungen zu verzeichnen. Wir erwähnen nur die Anlage des Mörissees, der die Aufgabe hatte, in den trockenen Jahreszeiten dem lechzenden Boden das zur Vegetation erforderliche Wasser zuzuführen. Die Ansichten der Forscher gehen allerdings bei dieser großartigen Schöpfung ägyptischer Ingenieurtechnik ziemlich auseinander, sie ist aber doch ein treffliches Zeugnis für die praktische Ausnutzung der Naturkräfte bei den Ägyptern. Wir dürfen mit vollem Rechte vermuten, daß man mit den Grundlehren der Mechanik fester und flüssiger Körper genügend vertraut war, können jedoch für keine andere Disziplin der Physik etwas ähnliches aussagen.

An dem Pylon der ägyptischen Tempelbauten befanden sich hohe Masten, „mit Kupfer beschlagen, um das Unwetter zu zerteilen". Am Horustempel zu Edfu, bekanntlich dem besterhaltenen Heiligtum des Landes, sieht man noch deutlich die zur Befestigung dieser Masten dienenden Rillen im Mauerwerk. Wir haben es bei dieser Einrichtung mit einem Blitzableiter zu tun, können aber keineswegs daraus weitere Schlüsse ziehen, wie das übereifrige Ägyptologen getan haben. Nach ihnen sollen die Ägypter sogar die Galvanoplastik gekannt haben, weil man hie und da ein feines Kupferrelief gefunden hat. Man muß mit solchen Vermutungen sehr vorsichtig sein, sie haben schon manchem bedeutenden Forscher sehr geschadet. Das Vorhandensein jener Blitzableitungsmasten beweist wohl nur die Kenntnis der Tatsachen, daß der Blitz besonders in hohe Gegenstände leichter einschlägt und im allgemeinen Metalle weniger zerstört als andere Substanzen. Von wirklicher Bekanntschaft mit der Elektrizität kann bei den Ägyptern nicht die Rede sein.

## Die Griechen und Römer.

Zu einer vollständigen Darstellung der Physik der Griechen und Römer wäre es nötig, auf die Systeme der ionischen, pythagoreischen, eleatischen und platonischen Naturphilosophie näher einzugehen, was uns aber der beschränkte Umfang dieser Schrift leider verbietet. Besonders die Griechen waren es, die die letzte Ursache der Naturerscheinungen, die Schöpfung der Welt und die Beschaffenheit der Materie zu ergründen suchten, ohne jedoch andere Tatsachen zu kennen, als sie das tägliche Leben eben darbot. Man wollte Naturgesetze erkennen, ohne die Erscheinungswelt überhaupt erschöpfend zu kennen.

Die rein spekulative Naturphilosophie gipfelte und endete mit Aristoteles (384—322 v. Chr. aus Stagira am Strymonischen Meerbusen), dem Lehrer Alexanders des Großen. Nach ihm wurde sie verdrängt durch die Heranziehung der mathematischen Wissenschaft zur Lösung physikalischer Fragen. Besonders eigneten sich zu einer solchen Behandlung Probleme aus der Mechanik und der geometrischen Optik. Wir finden daher gerade diese beiden Gebiete besonders bearbeitet, wenn auch nicht in der uns heute allein richtig erscheinenden Art der Forschung durch das Experiment mit daran anknüpfenden theoretischen Betrachtungen. Es wurde natürlich hie und da auch experimentiert, aber nicht systematisch; es fehlte, kurz gesagt, an einer methodisch ausgebildeten Experimentierkunst.

Die einfachsten Beobachtungen aus dem bürgerlichen Leben gehörten unstreitig in das Gebiet der Mechanik. Wegen ihrer praktischen Bedeutung regten sie zuerst das Nachdenken an. Indem wir uns zu den einzelnen Zweigen der Physik wenden, beginnen wir mit den mechanischen Kenntnissen der Griechen und Römer.

Hier steht an erster Stelle Archimedes (287 v. Chr. zu Syrakus geboren, wo er auch 212 seinen Tod durch die unter Marcellus die Stadt erobernden römischen Soldaten fand). Er war zweifellos ein theoretisch gründlich durchgebildeter Physiker, der es verstand, seine genialen Gedanken auch praktisch auszuführen. So erschien er schon seinen Zeitgenossen als ein „Ausbund gelehrter Zerstreutheit“, und an seine Person knüpften sich eine Reihe von Anekdoten, ähnlich denen unserer Witzblätter über den zerstreuten Professor. Auf ihn gehen die Grundlehren der Statik zurück, die er mit dem Hebelgesetz begründete. Aristoteles hatte zwar schon gewußt, daß man mittels eines Hebels eine Last mit geringerer Kraft heben kann, weil man einen größeren Weg dabei zurücklegen muß, und ist deshalb schon, aber mit Unrecht, als der Entdecker des Prinzips der virtuellen Geschwindigkeiten bezeichnet worden. Archimedes erkannte, daß an einem ungleicharmigen Hebel nur dann Gleichgewicht herrschen kann, wenn die Kraft ebensooft in der Last enthalten ist, als der Lastarm im Kraftarm. Er war mit dem Hebel so vertraut, daß man ihm das stolze Wort zuschrieb: „Gib mir einen Punkt, wo ich mich hinstellen kann, dann will ich dir sogar die Erde bewegen.“ An seine Studien über den Hebel schließen sich eng seine Untersuchungen über den Schwerpunkt an, den er für eine Reihe ebener Figuren, z. B. auch für parabolische Abschnitte ermittelte. Praktische Apparate gab er im Flaschenzug, der Schraube ohne Ende und der noch heute seinen Namen führenden Wasserschraube, mit der Wasser lediglich durch drehende Bewegung gehoben werden kann. Weitaus am bekanntesten sind seine Gesetze über den

Gewichtsverlust der Körper in Flüssigkeiten. Vitruv erzählt uns, daß der König Hiero von Syrakus Archimedes zu einer Untersuchung des Gehaltes einer Krone aufgefordert habe, weil er die Vermutung hegte, es seien Betrügereien durch die Goldschmiede vorgekommen. Während eines Bades bemerkte nun Archimedes die Verdrängung von Wasser durch den eingetauchten Körper, was ihn auf eine Untersuchungsmethode führte. Unbekleidet rannte er mit dem freudigen Ruf: *εὕρηκα* (ich hab's gefunden!) nach Hause, verglich dort die Mengen des verdrängten Wassers, wenn er die Krone, einen gleichschweren Gold- und Silberklumpen eintauchte, und entdeckte dadurch eine Verfälschung der Krone durch Silber. Noch heute bildet sein Gesetz, daß der Gewichtsverlust eines eingetauchten Körpers dem Gewichte der verdrängten Flüssigkeit gleich ist, einen Fundamentalsatz der Hydrostatik.

Neben Archimedes ist der schon erwähnte Aristoteles auf dem Gebiete der Mechanik von Bedeutung. Da seine Lehren erst in späterer Zeit von Wichtigkeit wurden, wollen wir, um Wiederholungen zu vermeiden, hier nur einiges bemerken. Bei ihm findet sich ein besonderer Fall des Satzes vom Kräfteparallelogramm, nämlich für rechtwinklige Komponenten. Er fand also eigentlich nur das „Rechteck der Kräfte". Auf seine Dynamik kommen wir bei Galilei, auf seine Ansicht vom „horror vacui", dem Abscheu vor einem leeren Raum, beim Barometer zurück. Seine Spekulationen führten ihn zur Annahme von der Schwere der Luft. Mit der Tatsache, daß ein Schlauch schwerer wurde, wenn er ihn aufblies, hielt er seine Anschauung hinreichend für bewiesen, obwohl er dann vor dem ungelösten Rätsel stand, daß der aufgeblasene Schlauch auf Wasser schwamm, während er ausgedrückt und somit leichter doch untersank.

Die Druckpumpe rührt von Ktesibios her, der um 150 v. Chr. zu Askra (oder Alexandria?) geboren wurde. Es war eine Feuerspritze mit Windkessel. Ein 1795 gefundenes Exemplar aus der römischen Kaiserzeit ist in der Hauptsache von einer ähnlichen Einrichtung wie die unsrigen. Ktesibios baute ferner eine Wasserorgel und eine Wasseruhr, bei der Wasser aus einem Gefäß durch eine feine Öffnung ausfloß, ein anderes anfüllte und damit einen Schwimmer hob, der einen Zeiger in Drehung versetzte. Daß die Menge des ausfließenden Wassers von der Größe der Öffnung und der Höhe des Wasserspiegels abhängt, fand aber erst Sextus Julius Frontinus, der unter dem Kaiser Nerva die Oberaufsicht über die Wasserleitung hatte.

Dem Schüler des Ktesibios, Heron aus Alexandria, schrieb man die unter dem Namen Heronsball und Heronsbrunnen bekannten Apparate zu, die aber gar nicht von ihm stammen. Dagegen hat er den Stechheber angegeben, sowie eine Menge Automaten, die aber für uns bedeutungslos sind.

Augustus Vitruvius Pollio, Baumeister des Kaisers Augustus, entdeckte das Gesetz der kommunizierenden Gefäße und benutzte es zur Konstruktion der Kanalwage, ersann außerdem eine Wassermühle mit einem Zahnrädergetriebe, verschiedene Hebevorrichtungen, wie sie sein Beruf erforderte, sowie ein Instrument, um die Länge eines zurückgelegten Weges zu messen, also ein sog. Hodometer.

Im vierten Jahrhundert nach Christus unterschied erstmals Pappus die fünf einfachen Maschinen: Hebel, Rolle, Wellrad, Keil und Schraube und gab an, wie man die Oberfläche und den Inhalt von Rotationskörpern aus Länge und Inhalt der erzeugenden Kurve unter Benutzung des Weges des Schwerpunkts berechnen kann. Das Verfahren ist bei uns unter dem Namen „Guldinsche Regel“ bekannt, da es der Jesuit Paul Guldinus (1577—1643 aus St. Gallen) als eigenes Ergebnis veröffentlichte[1]).

In einem Briefe des um 410 n. Chr. verstorbenen Bischofs Synesios von Ptolemaïs an Hypatia († 415 in Alexandria), die gelehrte Tochter des Philosophen Theon, wird unter dem Namen „Hydroscopium“ das erste Volumaräometer erwähnt, das der kranke Bischof zur Untersuchung des Wassers gebrauchte.

Von wem und aus welcher Zeit die äußerst zweckmäßige römische (Schnell-)Wage stammt, die z. B. bei den Ausgrabungen in Pompeji zutage gefördert wurde, ist leider nicht bekannt.

Auf dem Gebiete der Akustik verdient besonders Pythagoras aus Samos (582?—500 v. Chr.) und seine Schule erwähnt zu werden. Sie fanden, offenbar mit Hilfe des Monochords, einfache Zahlenverhältnisse für die Saitenlängen bei konsonierenden Tönen. So erhielten sie z. B. die Oktave oder Quinte eines Tons, wenn sie die Saitenlänge auf die Hälfte bezw. zwei Drittel verkürzten. Dies führte sie unter anderem auf die sogenannte harmonische Proportion. $\frac{2}{3}$ ist danach das harmonische Mittel zu $\frac{1}{2}$ und 1[2]). Leider verloren sich ihre Untersuchungen in zahlentheoretische nutzlose Spekulationen. Auf den Werdegang der Grundlagen der Musik müssen wir natürlich hier verzichten. Bei Aristoteles finden wir die Meinung, daß hohe Töne sich rascher fortpflanzen als tiefe, sowie die Tatsache, daß man am Tage den Schall schlechter hört als während der Nacht. Die von ihm dafür angegebene Erklärung ist allerdings unrichtig.

---

[1]) Siehe auch Sammlung Göschen Nr. 76, S. 49.
[2]) Siehe auch Sammlnng Göschen Nr. 51, S. 10.

Bei der großen Vorliebe der Römer für Theater und Zirkus ist es erklärlich, daß man sich auch der Theaterakustik zuwandte, so z. B. Vitruv, der unter anderm bereits die Verbreitung des Schalls in kugelförmigen Wellen um die Schallquelle mit genügender Deutlichkeit ausspricht.

Wesentlich umfassendere Kenntnisse als in der Akustik hatte man in der Optik. Das Sehen wurde als ein Fühlvorgang erklärt, indem man Strahlen annahm, die vom Auge ausgehend den gesehenen Körper betasten. Aristoteles verwarf diese Anschauung teilweise, indem er darauf hinwies, daß man bei solchen Augenstrahlen doch im dunkeln Raume das Auge sehen müsse. Eine bessere Erklärung konnte er aber auch nicht geben.

In einem dem Euklid in Alexandria (um 300 v. Chr.) zugeschriebenen Werke über Optik finden sich die Sätze von der geradlinigen Fortpflanzung der Lichtstrahlen, von der Gleichheit des Einfalls- und Reflexionswinkels, sowie die Erwähnung der Tatsache, daß einfallender und zurückgeworfener Strahl in einer zum Spiegel senkrecht stehenden Ebene durch den Einfallspunkt verlaufen. Heron vereinigte die beiden letzten Sätze zu dem einen, daß der Lichtstrahl bei der Reflexion den kürzesten Weg zu machen sucht. Bekanntlich ist auch der Weg des Lichtstrahls bei der Refraktion immer ein Minimum.

Ursprünglich hatte man nur Metallspiegel, zu den Zeiten Plinius' des Älteren (23—79 n. Chr.) auch schon Glasspiegel, jedoch noch ohne Belegung. Auch Hohlspiegel waren bekannt, sowie die Möglichkeit, mit ihnen brennbare Gegenstände zu entzünden. Die häufig angeführte Erzählung, Archimedes habe bei der Belagerung von Syrakus die römischen Schiffe auf diese Weise in Brand gesteckt, ist ebenso unrichtig als unwahrscheinlich. Heron kannte auch Zerrspiegel, wie man sie noch heute zur Belustigung des Publikums herstellt, und ersann die noch heute gezeigten „Geistererscheinungen" mittels einer gegen den Zuschauer geneigten Glasplatte.

Plinius und **Seneca** (7—65 n. Chr.) wußten, daß eine mit Wasser gefüllte Glaskugel dahinter gehaltene Gegenstände vergrößert erscheinen läßt, kannten auch ihre Verwendung als Brennglas. Bekannt waren letztere jedenfalls, wenn auch genauere Nachrichten darüber fehlen. Aristophanes läßt z. B. in seinen „Wolken“ den Strepsiades erzählen, wie man mit Hilfe eines solchen Glases eine Klageschrift in Wachs zerschmelzen könne.

Die Erscheinung des gebrochenen Stabes im Wasser war dem Aristoteles bereits bekannt. Von **Kleomedes** (um 50 n. Chr.) stammt der bekannte Versuch, einen durch den Rand eines Bechers verdeckten Ring dadurch sichtbar zu machen, daß man den Becher mit Wasser anfüllt. Dieser Versuch gab ihm auch die Erklärung für die Dämmerung und die Verlängerung des Tages durch die atmosphärische Strahlenbrechung. Genauere Untersuchungen dieser Verhältnisse gab zuerst der berühmte Astronom Claudius **Ptolemäus** (70—147 n. Chr.), der um 120 n. Chr. in Alexandria tätig war. Er war der erste, der es unternahm, Einfalls- und Brechungswinkel zu messen und das Brechungsgesetz zu ermitteln. Er stellte (Figur 1) die beiden um $M$ drehbaren Lineale $CM$ und $DM$ so ein, daß sie eine gerade Linie zu bilden schienen, nahm sie dann samt der Kreisteilung $AEBF$ aus dem Wasser und las den Einfallswinkel $\varepsilon$ und den Brechungswinkel $\beta$ an der Teilung ab. Auf diese Weise erhielt er folgende Werte:

| | | | | | | | | |
|---|---|---|---|---|---|---|---|---|
| $\varepsilon = 0^0$ | $10^0$ | $20^0$ | $30^0$ | $40^0$ | $50^0$ | $60^0$ | $70^0$ | $80^0$ |
| $\beta = 0^0$ | $8^0$ | $15\frac{1}{2}^0$ | $22\frac{1}{2}^0$ | $28^0$ | $35^0$ | $40\frac{1}{2}^0$ | $45^0$ | $50^0$. |

Diese Größen sind recht genau, gaben ihm aber das Brechungsgesetz nicht; wohl aber erkannte er, daß der Lichtstrahl sich dem Einfallslote nähert, wenn er in ein dichteres Mittel übergeht, daß er sich dagegen vom Lote entfernt, wenn er in ein dünneres Medium eintritt. Ptolemäus entdeckte auch, daß die Poldistanz eines Gestirns bei seiner

Kulmination größer war als beim Auf- und Untergange, woraus er auf eine vom Horizont nach dem Zenit zu wachsende atmosphärische Refraktion schloß, für die er Tafeln berechnete[1]).

Auf die Astronomie bzw. das Weltsystem des Ptolemäus kommen wir an anderer Stelle zu sprechen.

Sonnen- und Mondregenbogen wurden wohl häufig gesehen, doch fehlte es an einer auch nur halbwegs brauchbaren Erklärung.

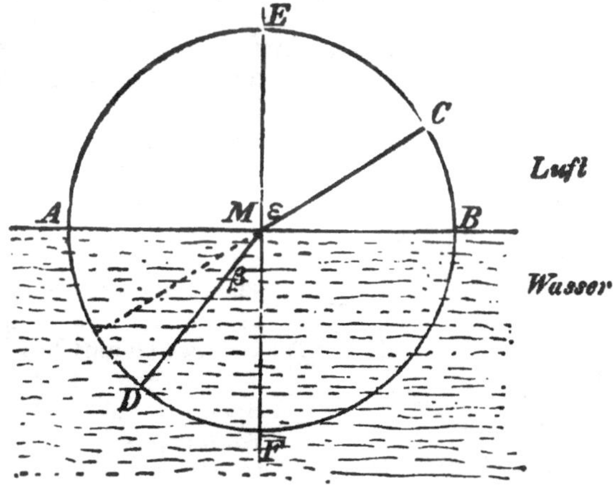


Fig. 1. Lichtbrechungsapparat nach Ptolemäus.

Die erste Nachricht von einer „optischen Telegraphie" findet sich bei Homer im zehnten Gesang der Odyssee. Dort ist von Feuern die Rede, an denen Odysseus seinen Heimatshafen erkannte. Zu den verschiedensten Zwecken gab man im Altertum Signale durch Rauch, Tücher, Balken, sowie mit dem „goldenen Schild", durch den man Sonnenlicht reflektierte, — einer Art Heliograph. Nachts benutzte man Laternen, Fackeln usw. Thukydides berichtet von ausgebildeten Fackelsignalen im Peloponnesischen Kriege. Ebenso spricht auch Polybius von einem derartigen System, durch

[1]) Siehe auch Sammlung Göschen Nr. 11, S. 80; Nr. 92, S. 115.

das man jeden Buchstaben des griechischen Alphabets telegraphieren konnte.

Recht übel war es mit den übrigen Zweigen der Physik bestellt. So hatte man z. B. von der Wärmelehre höchst dürftige Kenntnisse: Ausdehnung der Körper durch die Wärme, Gefrieren, Schmelzen, Sieden usw. Besonders hinderlich zeigt sich hier die Naturphilosophie des Empedokles aus Agrigent (492—432 v. Chr.), der vier unwandelbare Grundstoffe, die Elemente, annahm, nämlich Erde, Feuer, Wasser und Luft. Sie bilden die Wurzeln aller existierenden Dinge, die durch Mischung und Trennung aus ihnen entstehen. Ersteres wird durch die Kraft Liebe bewirkt, letzteres durch die Kraft Streit (oder Haß). Daß aus einer solchen Anschauung nur die verworrensten Ansichten in der Wärmelehre entstehen mußten, ist eigentlich selbstverständlich.

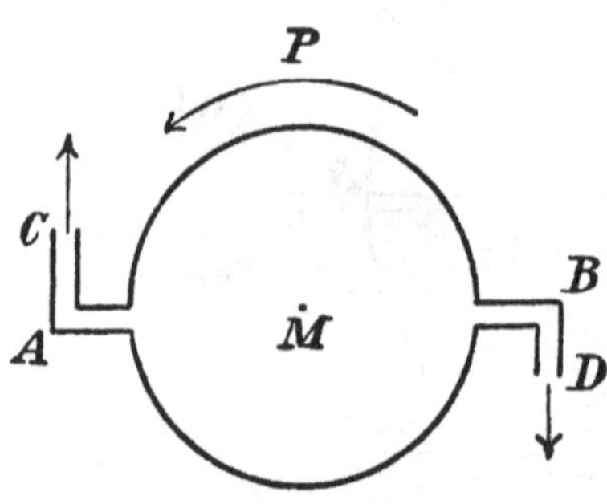

Fig. 2. Äolipile des Heron.

Erwähnung verdient, daß das von Geber in die Chemie eingeführte Wasserbad schon in der Schrift des M. Porcius Cato über die Landwirtschaft beschrieben wird, indem er dort von einer Speise spricht, die durch Eintauchen des Kochtopfes in siedendes Wasser hergestellt wird.

Heron kannte die Ausdehnung der Luft durch Erwärmung und ersann einen Apparat, der sowohl durch erhitzte Luft als auch durch Dampf rotieren konnte und somit als erste höchst primitive Dampfmaschine angesehen werden kann, die sogenannte Äolipile. Es war eine um *M* (Fig. 2) drehbare Kupferkugel mit Seitenrohren *A* und *B*, die im gleichen Richtungssinn gekrümmt waren. Strömte aus den Öffnungen *C* und *D* Dampf aus, so drehte sich die Kugel durch den Rückstoß (im Sinne des Pfeiles *P*) rückwärts.

Wie weit die Griechen und Römer mit magnetischen und elektrischen Erscheinungen vertraut waren, ist trotz vieler Abhandlungen über diesen Gegenstand noch sehr ungewiß, da es fast unmöglich ist, aus den diesbezüglichen Stellen bei den alten Schriftstellern die wirklich gemachten Beobachtungen herauszuschälen. Man scheint gewußt zu haben, daß der wohl zuerst bei Magnesia gefundene Stein Eisenstückchen festzuhalten vermag, hielt aber diese Erscheinung häufig für identisch mit der angeblich von Thales beobachteten, daß geriebenes Elektron (Bernstein?) leichte Körperchen anzieht. Bei Livius, Cäsar und Plinius wird auch das sog. St. Elmsfeuer erwähnt als ein Lichtbüschel, das sich gelegentlich an den Speerspitzen der Soldaten zeigte. An einen Zusammenhang zwischen diesem Phänomen und dem Gewitter dachte kein Mensch. Ob man einen Schutz gegen die Blitzgefahr kannte, wissen wir nicht; seine mächtigen Wirkungen wurden natürlich häufig beobachtet.

Auch elektrische Fische und ihre seltsamen Schläge kannte das Altertum, ohne jedoch die geringste Ahnung über deren Wesen zu haben. Bereits Plato erwähnt den Zitterrochen. Schon um 30 vor Christi Geburt soll ihn Dioskorides Phakas bei Podraga und chronischen Kopfschmerzen zu Heilzwecken gebraucht haben. Dasselbe wissen wir von Scribonius Largus und Bassus, einem Pharmakologen der früheren Kaiserzeit. Dieser hielt bei Kopfweh dem Patienten einen Zitterrochen an die Schläfe. Die elektrischen Schläge des Tieres sollten dann die Schmerzen vertreiben. (!) Man besaß also schon, ohne die Elektrizität zu kennen, elektrotherapeutische Verfahren. Einer recht interessanten Beobachtung gedenkt Plinius. Nach ihm spürt man nämlich den betäubenden Schlag des Rochens auch dann, wenn man das Tier mit einer Lanze berührt. Claudius Älianus (240 n. Chr.) berichtet, daß man den lähmenden Schlag auch dann erhält, wenn man aus einem Gefäß Wasser, in dem ein Rochen lag, über die Hand oder den Fuß entleert.

Zuletzt ist noch, als einer mehr theoretischen Betrachtung, der sog. Atomistik zu gedenken, jener Lehre, die von Leukippos begründet, von Anaxagoras aus Klazomenä (500 bis 428 v. Chr.) und Demokritos aus Abdera (460—370 vor Chr.) ausgebaut wurde. Sie vertritt die Anschauung, daß alle Stoffe aus kleinsten Teilchen, Atomen, zusammengesetzt sind. Es ist hier nicht der Platz, auf diese Lehre weiter einzugehen, um so mehr als sie zu ihrer heutigen Gestaltung mannigfach modifiziert werden mußte.

Wohl der bedeutendste Hort für die exakten Naturwissenschaften war das sog. Alexandrinische Museum mit seiner riesigen Bibliothek, das Ptolemäus Philadelphus um 250 v. Chr. in der von Alexander dem Großen angelegten Stadt Alexandria am Nildelta gründete. Durch die bedeutenden vorhandenen Mittel konnten die berühmtesten Gelehrten herbeigezogen und unterstützt werden. Wir nennen nur die schon erwähnten: Euklid, Theon nebst Tochter Hypatia, Pappus, Ptolemäus, ferner Eratosthenes (276—195 v. Chr.), der zuerst den Erdumfang (zu 250000 Stadien) bestimmte, Hipparch, bekannt durch seine Tafelwerke, seinen Sternkatalog, dann auch Ktesibios und Heron. In den ersten Jahrhunderten nach Christus kamen böse Zeiten für das Museum. Das sich ausbreitende Christentum, die Völkerwanderung, Kämpfe zwischen Christen und Heiden brachten schwere Schäden. Mit Claudius Ptolemäus schloß die Blütezeit ab. Das Auftreten des Islam auf der Weltbühne brachte den endgültigen Untergang. Amru, der Feldherr des Kalifen Omar, verbrannte die kostbare Bibliothek bei der Eroberung von Alexandria im Jahre 642 n. Chr. Es war der Scheiterhaufen der Wissenschaften des klassischen Altertums.

---

# Geschichte der Physik im Mittelalter.

## Die Araber.

Im 7. Jahrhundert n. Chr. hatte die Lehre Muhammeds festen Fuß gefaßt, und in wilden Eroberungszügen erweiterten seine Anhänger ihr Reich, beseelt von einem Glaubenseifer, der jeder Art von Wissenschaft unbedingt feindlich sein mußte. Im Jahre 642 vernichtete Amru, der Feldherr des Kalifen Omar, bei der Eroberung Alexandrias was noch von der berühmten Bibliothek der alexandrinischen Hochschule übrig geblieben war. Werke von unschätzbarem Werte, wichtige wissenschaftliche Denkmäler mußten so rettungslos zugrunde gehen. Nur äußerst langsam entwickelte sich in der Folgezeit bei den Arabern der Sinn für wissenschaftliche Forschung. Der aus den arabischen Märchen bekannte Kalif Harun al Raschid (786—809), ein äußerst kluger und weitsichtiger Herrscher, gründete die Hochschule zu Bagdad, die bald ein Sammelplatz für die bedeutendsten Gelehrten aller Disziplinen wurde. Auf der Pyrenäenhalbinsel erstanden mehrere Schulen, unter denen diejenige in Cordova hervorragte. Hakem II. hatte sie gegründet, nachdem dieser Ort 756 durch Abdurrhaman I. Hauptstadt eines selbständigen Kalifats geworden war.

Von allen Gebieten der Naturforschung wandten sich die Araber besonders der Astronomie zu, wo sie zahlreiche recht brauchbare Beobachtungen anstellten. Leider verschlossen sie sich aber nicht dem Hirngespinste der Astrologie. Bedeutendes leisteten sie auch in der damals noch eng mit der Heilkunde verknüpften Chemie, wo sich besonders Abu Mussah Dschafar al Sofi — wir nennen ihn gewöhnlich Geber — (702—765) große Verdienste erwarb, auf die wir aber nicht näher eingehen können. Zahlreiche Benennungen auf den beiden erwähnten Gebieten haben sich aus jener Zeit zu uns herübergerettet, z. B. Alkali, Zenit, Beteigeuze, Almukantarat usw.

Für uns kommen nur die Arbeiten auf physikalischem Gebiete in Betracht. Auch hier war es wieder die Optik, der man sich hauptsächlich zuwandte und der ein Werk von Alhazen, eigentlich Abû Ali Muhammed ben el Hasan ibn el Haitam el Basri († 1038), gewidmet ist. Es enthält die Lehre vom Sehen, von der Reflexion und der Refraktion. Im Gegensatz zur Anschauung der Alten hält er nicht das Auge, sondern das gesehene Objekt für die Lichtquelle. Als Hauptteil des Auges nimmt er die Linse an und unterscheidet an ihm drei Flüssigkeiten und vier Häute, wobei er sich im wesentlichen der noch heute gebräuchlichen Bezeichnungen bedient.

Daß man einen Gegenstand mit beiden Augen doch nur einfach sieht, erklärt Alhazen damit, daß die beiden Bilder an der Kreuzungsstelle der Sehnerven zusammentreffen[1]).

Bei seinen katoptrischen Betrachtungen unterscheidet Alhazen neben dem Planspiegel noch Kegel-, Kugel- und Zylinderspiegel und zwar jeweils einen konvexen und konkaven. Mehr

[1]) Diese Erklärung ist bekanntlich nicht richtig. Man vergleiche hierzu Sammlung Göschen Nr. 18, Seite 58.

mathematisches Interesse bietet die nach Alhazen benannte, von ihm aber nur teilweise gelöste Aufgabe, denjenigen Punkt einer Hohlspiegelfläche zu bestimmen, der das Licht einer Flamme nach dem Auge reflektiert. Alhazen nimmt hierbei und bei anderen optischen Betrachtungen, was Erwähnung verdient, nie einen Strahl zwischen Auge und Lichtquelle an, sondern einen Strahlenkegel aus diesem Punkte, der die Pupille des Auges zur Grundfläche hat.

Die Erscheinung des „gebrochenen Strahles" in Wasser ist Alhazen ebenso bekannt, wie die scheinbare Hebung des Bodens bei einem gefüllten Wasserbehälter.

Bei Betrachtung einiger optischer Täuschungen kommt Alhazen auch zu der bekannten Tatsache, daß Sonne und Mond am Horizont uns größer erscheinen, als wenn sie sich in einiger Höhe über ihm befinden. Alhazen glaubt, man werde durch Vergleichung der Gestirnsscheiben am Horizont mit irdischen Objekten getäuscht. Alhazen gibt auch eine Erläuterung dafür, daß uns das Himmelsgewölbe nicht halbkugelig, sondern wie die Hälfte eines abgeplatteten Rotationsellipsoides erscheint.

Im Anhang seines Werkes gibt Alhazen an, daß die Sonne am Anfang und Ende der Dämmerung sich etwa 19 Grad unter dem Horizont befinde[1]). Durch Feststellung des Augenblicks, in dem eine Wolke am westlichen Horizont gerade noch schwach von den Strahlen der bereits untergegangenen Sonne beschienen wird, bestimmte er die Höhe der Erdatmosphäre zu 52 000 Schritten.

Außer Alhazen ist nur noch der etwa 100 Jahre später lebende Al Khazînî zu erwähnen, der das „Buch von der Wage der Weisheit" geschrieben hat. Dieser merkwürdige Titel bezieht sich auf eine der drei von ihm angegebenen Wagen. Sie hatte fünf Wagschalen und einen Wagbalken von zwei Meter Länge. Sie diente ihm zur Bestimmung des spezifischen Gewichts, das er als das Verhältnis des absoluten Gewichts zum Gewicht des verdrängten Wassers definiert. Die von ihm für eine Reihe

---

[1]) Man vergleiche Sammlung Göschen Nr. 11, S. 29 und Nr. 92, S. 35.

von Körpern angegebenen Werte sind recht befriedigend. Zur Bestimmung derselben Größen verwendete Al Khazînî außerdem noch ein Ausflußpyknometer, sowie ein mit Teilung versehenes Volumaräometer, das aus einem meterlangen Messingrohr bestand und mit einem Stück Zinn geeignet beschwert war.

Merkwürdig ist die von Al Khazînî vorgeschlagene Wasseruhr. An dem einen Arme eines Hebels befindet sich ein Wassergefäß, an dem andern ein Zeiger vor einer Skala. Fließt Wasser aus dem Gefäße aus, so geht der Zeiger abwärts und gibt an der empirisch graduierten Teilung die Zeit an.

Rascher, als sie sich entwickelt hatte, sollte die arabische Kultur wieder verfallen. Als sich die drei christlichen Reiche Aragonien, Kastilien und Leon unter Ferdinand III. vereinigten, war das Schicksal der arabischen Wissenschaft im Abendlande endgültig besiegelt. Auch ihr brannte unheilverkündend ein Scheiterhaufen, die 280 000 Bände umfassende Bibliothek zu Cordova, die der Kardinal Ximenes bei der Eroberung der Stadt im Jahre 1236 den Flammen überlieferte.

## Das Zeitalter der Scholastik.

Für die Errungenschaften der römischen Kulturwelt waren die Klöster mit ihren Schulen, die einzigen Asyle für wissenschaftliche Arbeit, die Heimstätte geworden. Die Schätze griechischer Kunst und Wissenschaft mußten erst durch die Vermittlung arabischer Gelehrter hier ihren Einzug halten. Gerbert, der nachmalige Papst Silvester II. († 1003), soll es in erster Linie gewesen sein, der die Aufmerksamkeit der stillen Denker hinter den Klostermauern auf die griechischen Meister, besonders auf Aristoteles lenkte. Die Bekanntschaft mit der griechischen Literatur, Philosophie usw. wurde dadurch zwar wesentlich gefördert, leider jedoch in einem der freien Forschung entschieden feindlichen Sinne.

Die vollkommene Unantastbarkeit der religiösen Anschauungen und Dogmen gibt jener Zeit das Hauptgepräge. Schien die tägliche Erfahrung jenen als unwandelbar geltenden Glaubenswahrheiten zu widersprechen, so mußte sie sich eben unterordnen. Wozu auch die tägliche Erfahrung, man hatte ja den trefflichen Aristoteles! Was aus seinen Schriften herausgezogen wurde, mußte zur Stütze der kirchlichen Lehre dienen, wozu natürlich die sophistischsten und kniffllichsten Deduktionen erforderlich wurden. Da man die Werke des Stagiriten zunächst gar nicht im griechischen Urtexte besaß, sondern in recht entstellten arabischen und lateinischen Übersetzungen, traten äußerst grobe und zum Teil direkt komische Irrtümer auf. Man kommentierte den Aristoteles und kommentierte wieder diese Kommentare, alles vom scholastischen Standpunkte aus. Da man den herrlichen Grundsatz aufstellte, es könne etwas philosophisch falsch und doch zugleich theologisch wahr sein, wurde der gesunde Menschenverstand direkt totgeschlagen. Je armseliger eine Spitzfindigkeit tatsächlich war, für um so geistvoller hielt man sie. So disputierte man z. B. darüber, ob Luzifer den ersten Purzelbaum geschlagen habe, wie die Engel leben, sich kleiden, musizieren, sich ernähren und wie sie verdauen usw. Genug davon. Es fehlte am einfachsten Wissen, woher hätte da die Wissenschaft kommen sollen?

Zwar entstanden zu jener trostlosen Zeit mehrere bedeutende Universitäten: 1158 die Rechtsschule zu Bologna und die medizinische Schule zu Salerno, die Universitäten Paris 1206, Padua 1221, Oxford 1249, Prag 1348, Wien 1365, Heidelberg 1386 u. a. m. Die Lehrstühle waren jedoch meist in den Händen der Geistlichkeit.

Nur zwei Männer können wir hier erwähnen, die eine freiere Geistesrichtung vertraten und wahren Sinn für Wissenschaft und Forschung hatten: Albert von Bollstädt (genannt Albertus Magnus) und Roger Bacon. Wir werden uns natürlich nur auf das beschränken, was für unsere Betrachtungen von Bedeutung ist.

Albrecht von Bollstädt (1193—1280) aus Lauingen war lange Zeit für den Dominikanerorden als Lehrer an vielen Plätzen tätig. Er besaß bedeutende Kenntnisse in der Chemie und der praktischen Mechanik, woran sich eine Reihe unkontrollierbarer Sagen knüpft. Seine Zeitgenossen, bei denen er im Rufe eines Zauberers stand, gaben ihm bereits seines umfassenden Wissens wegen den Namen Albertus Magnus und nannten ihn „Doctor universalis“. Trotz seiner zahlreichen Schriften kennen wir keine Entdeckung von ihm auf physikalischem Gebiete. Wir führen ihn trotzdem an, weil er als Lehrer der Naturwissenschaften diese im Abendlande einbürgerte und die Ansicht vertrat, man müsse bei naturwissenschaftlichen Fragen die Erfahrung und das Experiment ganz besonders berücksichtigen.

Roger Bacon (1214—94) aus Ilchester in der Grafschaft Somerset brachte mehrere Jahre seines Lebens im Kerker zu, weil er sich zu offen über die Ignoranz und moralische Verderbtheit der geistlichen Herren ausgesprochen hatte. Er eiferte gegen das Studium aristotelischer Schriften, die er für gerade gut genug zum Verbrennen erklärte. Obwohl er darauf bestand, man könne sich nur durch das Experiment vor Irrtümern in der Naturerkenntnis bewahren, trieb er, wenn auch nur in bescheidenem Maße, Alchimie und Astrologie. In der Physik widmete er sich hauptsächlich der Optik. Er ermittelte die Lage des Brennpunkts beim Kugelspiegel und entdeckte dabei die sogenannte „sphärische Aberration“. Er wußte auch, daß beim parabolischen Spiegel — von dem er jedoch wohl kein Exemplar besaß — alle Brennpunkte zusammenfallen. Ganz mit Unrecht hat man ihm manche Erfindung zugeschrieben, z. B. die des Fernrohrs. Phantasievolle Schilderungen in seinen Werken tragen daran die Schuld.

Die Farben des Regenbogens hielt er für eine subjektive Erscheinung, erzeugt durch die einzelnen Bestandteile des Auges; den Bogen selbst hielt er für verschwommene Sonnenbildchen an zahllosen Wassertröpfchen.

Ebenso ungenügend war die Theorie seines Zeitgenossen Vitello und die des Erzbischofs von Canterbury, Peckham (1228—91). Der Perser Al Schîrasî gab richtig an, der Hauptbogen entstehe durch zweimalige Brechung und einmalige Zurückwerfung der Sonnenstrahlen in Wassertröpfchen, während beim Nebenbogen noch eine weitere Reflexion dazu komme.

Es ist hier der geeignete Platz, die Erfindung des Kompasses und des Schießpulvers anzuführen, da Albertus Magnus von diesen Dingen redet. Der Kompaß wird sehr häufig dem Italiener Flavio Gioja aus Amalfi zugeschrieben, der ihn im Jahre 1302 ersonnen haben soll. Die Direktionskraft eines frei beweglichen Magneten wurde schon viel früher praktisch verwendet. Im elften Jahrhundert besaß man in China zweirädrige Karren, die eine drehbare Figur trugen, in deren ausgestrecktem Arm ein Magnet so angebracht war, daß die Figur immer nach Süden deutete. Derartige Wagen, Tschinan-kiu benannt, benutzten die chinesischen Kaiser bei ihren Fahrten durch die entsetzlich öden Lößebenen ihres Landes. Die eigentliche Magnetnadel wird auch in abendländischen Schriften erwähnt, z. B. in dem satirischen Gedichte „La Bible“ von Guyot de Provins im Jahre 1190, in der „Historia orientalis“ des Jacques de Vitry (um 1215) usw. So erzählt auch (1242) der Araber Bailak, daß syrische Seeleute in dunkeln Nächten einen Magneten auf ein im Wasser schwimmendes Kreuz von Holzstäbchen legen und daran die vier Haupthimmelsrichtungen erkennen. Gioja mag dem Kompaß vielleicht eine passende Form gegeben haben, als Erfinder darf man ihn aber nicht bezeichnen.

In noch tieferes Dunkel ist die Geschichte des Schießpulvers gehüllt. Für Raketen hat man es schon im achten Jahrhundert gebraucht. Zu Sprengungen am Rammelsberg im Harz benutzte man es im zwölften Jahrhundert. Wann es jedoch erstmals zum Schießen angewandt wurde, ist ganz unbekannt. Die häufig gedruckte Erzählung von Berthold Schwarz ist eine durchaus unhistorische Fabel. Ursprünglich lud man es in Pfeilgeschütze und entzündete es mit einer Lunte. Das älteste Dokument dafür (eine Zeichnung) findet sich in dem Manuskript des Walter von Millemete „de officiis regum“ vom Jahre 1326 (in der Bibliothek von Christchurch in Oxford).

Wie die Geschichte des Kompasses und des Schießpulvers ist auch die Geschichte der Turmuhren, die mit ihren Anfängen in das dreizehnte Jahrhundert zurückreicht, in tiefes Dunkel gehüllt. Wir wissen, daß Saladin, der Sultan von Ägypten, im Jahre 1232 dem Kaiser Friedrich II. (1215—50) eine durch Gewichte getriebene Räderuhr zum Geschenk machte, die auch astronomische Dinge angab. Italien mag wohl die Heimat der Räderuhren mit Schlagwerk gewesen sein; wir dürfen dies vermuten, weil die ersten Turmuhren auch bei uns die Stunden nach italienischem Gebrauche von 1—24 schlugen. Bei solchen Instrumenten kamen Horizontalpendel zur Anwendung, was den Nachteil mit sich brachte, daß die Uhren ganz außerordentlich unregelmäßig gingen. Als Erfinder dieser Uhren wird gewöhnlich der deutsche Uhrmacher Heinrich von Wiek genannt. Es ist aber sehr fraglich, ob man bei einem solch komplizierten Apparate von einem einzigen Erfinder überhaupt reden kann.

Mit dem ausgehenden dreizehnten Jahrhundert taucht auch die Kunst der Brillenmacherei auf. Es war schon länger bekannt, daß man mit Linsengläsern Gegenstände vergrößert oder verkleinert sehen kann. Wir wissen jedoch nicht, wer zuerst auf den glücklichen Gedanken kam, solche Gläser bei Weit- oder Kurzsichtigen zu verwenden, kurzum die erste Brille zu ersinnen. Gewöhnlich wird der Florentiner Salvino degli Armati als Erfinder angeführt, weil sich früher in der Kirche Maria Maggiore zu Florenz ein Grabstein dieses Mannes aus dem Jahre 1317 befand, worauf der Bestattete „der Erfinder der Augengläser“ genannt wird. Bei den ersten Brillen waren die Linsen in Lederlappen gefaßt, die von der Mütze vor den Augen herabhingen. Das Drahtgestell kam erst später auf.

Was das scholastische Zeitalter der wirklichen Naturerforschung genutzt hat, ist nach allem Besprochenen höchst dürftig. Es entsprach echt scholastischer Gesinnung zu glauben, man habe alles Wissenswerte so gründlich durchforscht, daß daß es überhaupt unmöglich sei, zu einer noch höheren Stufe der Erkenntnis fortzuschreiten. Wenn wir auch in der folgenden Zeit einen mächtigen Aufschwung beobachten, so erkennen wir doch leider noch zu häufig, wie sehr die kirchlich-scholastische Weltanschauung jede geistige Selbständigkeit untergraben hatte. Die unheilvollen Folgen des Scholastizismus mußten sich um so deutlicher zeigen, als ihm in der Inquisition, die Papst Gregor IX. 1232 den Dominikanern übertragen hatte, ein furchtbares Schutz- und Machtmittel erstanden war, das selbst auf starke Geister abschreckend wirken mußte und leider nur zu oft in den Entwicklungsgang der Wissenschaften hemmend eingriff.

## Das Zeitalter der Renaissance.

Mit der Mitte des 15. Jahrhunderts vollzog sich in den Künsten und Wissenschaften ein ungeahnter Umschwung, indem das Abendland mit den hohen Schätzen wahrer hellenischer Kultur bekannt wurde, welche die aus dem 1453 zerstörten Konstantinopel nach Italien flüchtenden Gelehrten mitgebracht hatten. Wir pflegen bekanntlich dieses Wiederaufleben klassischer Bildung und freier wissenschaftlicher Forschung mit dem Namen „Renaissance" zu bezeichnen. Es zeigte sich, daß alles, was man bisher für klassische Kultur gehalten hatte, ein Truggebilde gewesen war, daß die verknöcherte Scholastik den wahren freien Geist des Altertums auch nicht annähernd umfaßte. Mit dem raschen Erblühen der schönen Künste konnte die Naturwissenschaft anfänglich nicht Schritt halten, die scholastischen Ideen waren zu fest eingewurzelt, als daß sie rasch hätten ausgerottet werden können. Nur äußerst langsam, aber dafür um so gesicherter bildeten sich in jener Zeit mit dem scheidenden 15. Jahrhundert die ersten Bestandteile zu unserem heutigen physikalischen Weltbild.

Wir wenden uns zunächst zu **Nicolaus de Cusa** (Cusanus), der als Sohn eines armen Schiffers Krebs zu Cues an der Mosel 1401 geboren war, 1448 zum Kardinal ernannt wurde und am 11. August 1464 zu Todi starb. Von den mannigfachen Verdiensten dieses Mannes erwähnen wir zunächst seine Lehre von der Bewegung der Erde, die er in seinem berühmten Werke „De docta ignorantia" (Vom gelehrten Nichtwissen) niedergelegt hat.

Cusa widerspricht zunächst der aristotelischen Ansicht, daß die Erde aus schlechterer, gröberer Materie bestehe als die Sterne, und stellt den Satz auf, die Erde sei ein Stern wie alle anderen, größer als der Mond, aber kleiner als die Sonne, wofür die Erscheinungen bei Finsternissen mit genügender Beweiskraft sprechen. Ist nun die Erde ein gewöhnlicher Stern, so muß sie sich auch, so erstaunlich das klingen mag, wie ein solcher bewegen. Nach Cusa rotiert sie zunächst in 24 Stunden um ihre Achse, außerdem samt Sonne und Fixsternen in 12 Stunden um zwei Weltpole von veränderlicher Lage und schließlich noch um zwei im Äquator liegende Pole. Dieses kosmische System ist höchst verwickelt und genügt keineswegs. Immerhin ist es als Versuch interessant. Die Bewegung der Erde nehmen wir nach Cusa nicht wahr, weil man eine Bewegung nur durch Vergleich mit etwas Unbewegtem bemerken kann.

In seinem anderen physikalischen Werke „Dialogus de staticis experimentis" (Zwiegespräch über statische Versuche) wird durch einen Mechaniker einem Philosophen gegenüber eine Reihe von physikalischen Problemen aufgeworfen. Es wird z. B. vorgeschlagen, die Zeit durch das Gewicht von ausfließendem Wasser zu messen, ferner die Feuchtigkeit der Luft durch die Gewichtszunahme von fest zusammengepreßter Wolle zu ermitteln. Auch ein Apparat zur Bestimmung der Meerestiefe wird beschrieben, der im Prinzip eine gewisse Ähnlichkeit mit dem Tiefseelot des Midshipmans Brooke[1]) besitzt.

Sind auch manche der in diesem Werke Cusas aufgeführten Projekte unbrauchbar, ja sogar zum Teil unsinnig, so beweist es doch den Drang des Verfassers nach Wahrheit und nach wirklicher Naturerkenntnis.

---

[1]) Vergleiche Sammlung Göschen Nr. 26, Figur 17.

Dem aufkeimenden Wunsche nach wissenschaftlicher Betätigung kam die Erfindung der Buchdruckerkunst um die Mitte des 15. Jahrhunderts ungemein zu statten.

Um die Verdienste von Johann Gutenberg (1401—68) richtig zu würdigen, müssen wir daran erinnern, daß der sog. Stempeldruck schon seit den ältesten Zeiten bekannt war, ebenso der anscheinend von den Indiern stammende Zeugdruck. Auch druckten die Chinesen schon längst mit Holztafeln, auf denen man die Buchstaben des Textes erhaben ausschnitzte. Gutenberg hatte den äußerst glücklichen Gedanken, die Lettern einzeln auszuschneiden, so daß man dann mit diesen beweglichen Buchstaben alle Wörter zusammensetzen konnte. So druckte er zuerst die sog. Mainzer Bibel ohne Jahreszahl (1455?). Peter Schöffer benutzte erstmalig bei seinem Psalterdruck vom Jahre 1459 gegossene Metalllettern.

Die nun ermöglichte rasche und zahlreiche Verbreitung literarischer Werke verleiht Gutenbergs Erfindung hohe weltgeschichtliche Bedeutung, deren Besprechung hier unterbleiben darf.

Wie übel es mit dem scholastischen Wissen bestellt war, konnte man an der Entdeckung des Columbus (1446 bis 20. Mai 1506) bemessen. Er hatte sich zuerst ergebnislos an den portugiesischen König und dann mit Erfolg an den spanischen Hof gewandt, um zu einer westlichen Fahrt nach Indien Unterstützung zu finden. Ein Kollegium der Universität zu Salamanca mußte ein Gutachten über diesen Plan abgeben. Man meinte, bei einer gewölbten Erdoberfläche müsse man doch notwendigerweise „am Rande" herabfallen oder jedenfalls nicht mehr imstande sein, über die Wölbung herauf nach der Heimat zurückzusegeln. Columbus hielt aber zäh an seiner Meinung fest. Am 3. August 1492 segelte er mit drei kleinen Fahrzeugen aus dem Hafen Palos in der Nähe der Guadalquivirmündung ab, erreichte nach den bekannten Mühsalen am 12. Oktober die von den Eingeborenen Guanahani, von ihm San Salvador benannte Insel und traf nach weiteren Entdeckungen am 15. März 1493 wohlbehalten wieder zu Hause ein, ohne daß sich jene törichte Prophezeiung des Rates zu Salamanca bewahrheitet hatte. Und doch hatte er 21 000 Kilometer, also etwa mehr als die Hälfte des Erdumfanges zurückgelegt.

Man liest häufig, Columbus habe bei seiner ersten Fahrt die Deklination der Magnetnadel entdeckt, was aber nicht zutrifft, da sie schon im Jahre 1111 bei den Chinesen im Betrage von 15 Grad erwähnt wird. Columbus gab vielmehr den Beweis, daß der Wert der Deklination nicht für alle Punkte der Erde der gleiche ist, was häufig Cabot (1477—1557) für das Jahr 1497 zugeschrieben wird.

Mit der Blütezeit der Renaissance fallen auf unserem Gebiete bedeutende Errungenschaften, die zur neueren Wissenschaft hinüberleiten, zusammen, die wir gesondert betrachten wollen.

## Die Physik im sechzehnten Jahrhundert.

Ein eigentümliches Schicksal hat es gewollt, daß der Mann, der die italienische Kunst von der Früh- zur Hochrenaissance heraufführte, Leonardo da Vinci, nicht auch unmittelbar befruchtend auf den Entwicklungsgang der Physik einwirken konnte. Er hatte seine Schriften einem Freunde, Francesco da Melzo, hinterlassen, durch dessen Erben sie teilweise verloren und teilweise in allen möglichen Städten Italiens zerstreut wurden. Die in der Ambrosianischen Bibliothek zu Mailand aufbewahrten Manuskriptteile wurden 1796 durch die Franzosen nach Paris geschleppt und erst durch Venturi 1797 veröffentlicht. Es zeigte sich, daß Leonardo da Vinci (1452 bis 2. Mai 1519) nicht nur anf dem Gebiete der schönen Künste, sondern auch in der Technik und der Physik staunenerregende Leistungen verzeichnen konnte, die drei Jahrhunderten unbekannt geblieben waren. Um zunächst den Standpunkt Leonardos in naturwissenschaftlichen Fragen richtig beleuchten zu können, geben wir einige Sätze aus seinen Schriften.

„Die Erfahrung läßt uns die wunderbaren Werke der Natur erkennen; sie allein täuscht niemals. Wohl aber täuscht unsere Auffassung sich selbst, wenn sie Erscheinungen erwartet, wie sie die Natur gar nicht darbietet. Wir müssen bei den verschiedenartigsten Umständen die Erfahrung befragen, um daraus ein allgemeines Gesetz zu erhalten. Und wozu? Sie sollen uns zu weiteren Naturstudien und technischen Kunstwerken führen. Ist die Theorie der Feldherr, so ist die Praxis das Heer der Soldaten. Eine wissenschaftliche Gewißheit muß mathematischer Behandlung zugänglich sein. Naturforscher, die die Natur nicht befragen, sind — ich will bündig reden — nur kleine Kinder. Die Natur ist einzig und allein die Lehrerin des Genies. Höret die Albernheit! Man verspottet den, der lieber von der Natur direkt lernen will, als aus Autoren, die doch auch der Natur Schüler sind."

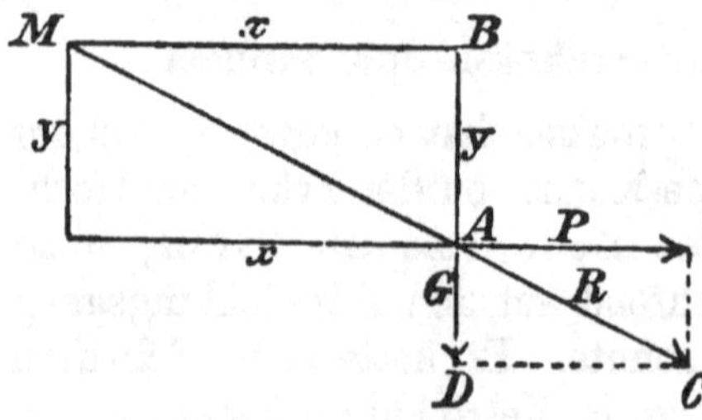

Fig. 3. Leonardo da Vinci, Statisches Problem I.

Es ist leicht begreiflich, daß bei solchen Grundanschauungen schöne Erfolge nicht ausbleiben konnten. Das bisher wenig bebaute Gebiet der Mechanik interessierte Leonardo ganz besonders. Wir beginnen mit seinen Hebelstudien.

Es sei $M$ (Fig. 3) der Unterstützungspunkt eines in $A$ mit dem Gewichte $G$ belasteten „reellen" Hebels $AM$, an dem in $A$ noch die Horizontalkraft $P$ angreift. Fällt man dann von $M$ aus auf die Kraftrichtungen die Lote $x$ und $y$ — Leonardo heißt sie „potentielle Hebel"—, so herrscht nach ihm Gleichgewicht, wenn

$$G : P = y : x$$

ist. Einen Beweis gibt aber Leonardo hier wie für die folgenden Sätze nicht. Wir würden heute etwa sagen: Es herrscht Gleichgewicht, wenn die Resultierende $R$ zu $P$ und $G$ in die Richtung des Hebels $AM$ fällt. Die Ähnlichkeit der Dreiecke $ABM$ und $ADC$ liefert dann die vorige Proportion.

Dieser Aufgabe ist folgende verwandt. An dem in $M$ (Fig. 4) angeknüpften Faden $AM$ greift in $A$ eine Kraft $G$ an, die vertikal abwärts wirkt und durch eine zum Faden senkrechte Kraft $P$ im Gleichgewicht gehalten werden soll. Sind wieder wie vorhin $x$ und $y$, das jetzt in die Fadenrichtung fällt, die „potentiellen Hebel“, so besteht nach Leonardo Gleichgewicht, wenn die Proportion gilt:

$$G : P = y : x .$$

Wir würden etwa sagen: Es herrscht Gleichgewicht, wenn die Resultierende $R$ zu $P$ und $G$ in die Fadenrichtung fällt, was wegen der Ähnlichkeit der Dreiecke $ABM$ und $ADE$ dieselbe Proportion liefert.

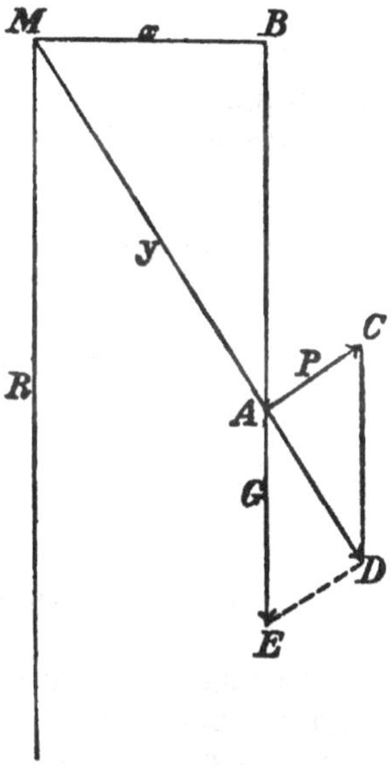

Leonardo untersucht auch (Fig. 5), unter welcher Bedingung ein durch Gewichte $P$ gespanntes Seil $MN$ beim Belasten der Mitte durch ein Gewicht $p$ im Gleichgewicht ist. Zu diesem Zwecke trägt er $MB$ von $M$ aus auf $MA$ ab und findet Gleichgewicht, wenn die Proportion besteht:

$$p : P = CA : BA .$$

Fig. 4. Leonardo da Vinci, Statisches Problem II.

Mit Hilfe des bekannten Hebelgesetzes ermittelt er auch die Sätze über das Gleichgewicht an Rolle, schiefer Ebene und Keil. Seine Untersuchungen kommen alle auf das Prinzip der virtuellen Geschwindigkeiten hinaus, dessen Inhalt er etwa so ausspricht, daß die bei einer Maschine im Gleichgewicht befindlichen Kräfte ihren virtuellen Geschwindigkeiten indirekt proportional sind.

Leonardo unterscheidet bei seinen Arbeiten sehr genau die Begriffe „Kraft“ und „Wucht“ (= kinetische Energie). Bei solch klaren Anschauungen ist es begreiflich, daß er ein „Perpetuum mobile“ für widersinnig erklärte.

Den Glauben der Peripatetiker, daß ein großer Körper rascher zu Boden falle als ein kleiner, teilte er seltsamerweise trotz mehrerer Versuche. Als er Holzstücke von einem Turm herabfallen ließ und sich merkte, wo diese Klötze sich während des Falles nach gleichen Zeiträumen befanden, machte er die Wahrnehmung, daß die Fallräume in gleichen Zeiten eine sog. arithmetische Reihe bildeten. Den fehlenden Schritt zu dem vollständigen Fallgesetze tat er jedoch nicht. Als er diese Versuche mit Bleiklötzen wiederholte, bemerkte er, daß diese den Boden nicht genau senkrecht unter dem Ausgangspunkt trafen, sondern eine kleine östliche Abweichung ergaben. Er erklärte

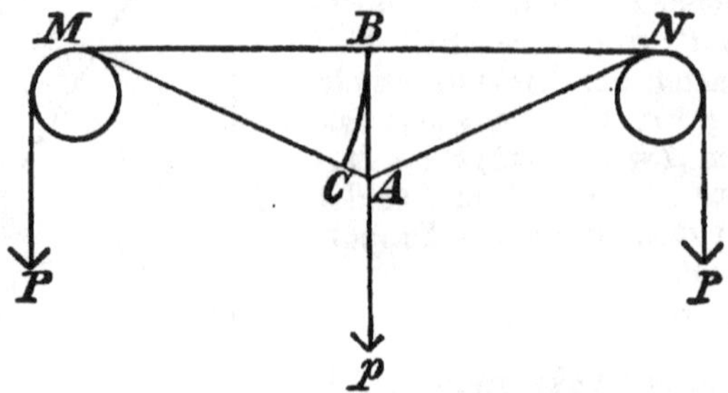


Fig. 5. Leonardo da Vinci, Statisches Problem III.

diese Erscheinung mit ihrem wahren Grunde, der Achsendrehung der Erde, die man schon wiederholt angegeben hatte. Daß jene östliche Abweichung geradezu einen Beweis für die Erdrotation liefern kann, entging Leonardo.

Beim Studium des Falls auf einer schiefen Ebene gelangte er zu dem Satze, daß das Verhältnis der Fallzeit eines Körpers längs der schiefen Ebene zur Fallzeit durch deren Höhe dasselbe ist, wie das Verhältnis der Ebenenlänge zur Ebenenhöhe.

Auch eine auf der Zentrifugalkraft beruhende Erscheinung kennt Leonardo, daß nämlich Wasser in einem schnell rotierenden Gefäße an der Wand emporsteigt. Die Oberfläche bildet dann bekanntlich ein Rotationsparaboloid.

Bei technischen Problemen boten sich Leonardo Fragen über die Reibung. Er fand, daß deren Größe bei unveränderter Belastung des bewegten Gegenstandes von der Größe der Berührungsfläche nicht abhängt. Dieser bekannte Satz, den man meist Coulomb zuschreibt, findet sich hier zum ersten Male, außerdem auch noch vor Coulomb bei Amontons (1699). Recht eigentümlich ist es, daß Leonardo da Vinci gar keinen Unterschied in den Reibungskoeffizienten kennt, sondern immer 25% dafür annimmt, während doch für die einzelnen Stoffe ganz bedeutende Unterschiede auftreten.

Mit der Mechanik der Flüssigkeiten war Leonardo gut vertraut. Dafür sprechen schon die Anlagen des Adda- und des Martesana-Kanals. Er kennt das Gesetz der kommunizierenden Gefäße auch für den Fall zweier verschieden schwerer Flüssigkeiten, wobei er dann die Höhen den spezifischen Gewichten als indirekt proportional angibt. Auch die Bildung von Wasserwellen hat er studiert. Er weiß z. B., daß beim Einwerfen eines Steins ins Wasser die entstehende Welle sich nur scheinbar weiterbewegt, daß nämlich die einzelnen Wasserteilchen sich nur auf und ab bewegen. Er vergleicht dies trefflich mit den Wellen, die der Wind in einem Kornfeld erzeugt. Leonardo weiß auch, wie sich Wellensysteme, die von zwei verschiedenen Mittelpunkten ausgehen, bei der Durchkreuzung gegenseitig beeinflussen (Interferenz). Wir wollen nur andeuten, daß er auch die Reflexion von Wellen einer genaueren Betrachtung unterzieht.

Seine Studien über die Luft, der er ein Gewicht zuschreibt, benutzte er zur Konstruktion eines Taucherhelms, eines Schwimmgürtels, sowie eines Fallschirmes. Es muß betont werden, daß Leonardo auch genau wußte, welche Rolle die Luft bei Verbrennungserscheinungen spielt. Wäre seinen Schriften nicht jenes schlimme Geschick beschieden gewesen, so hätte die bekannte Phlogistontheorie des Chemikers Georg Ernst Stahl (1660—1734) wohl nie zu jener Bedeutung in der Entwicklungsgeschichte der Chemie kommen können, die sie tatsächlich hat.

In der Akustik fand Leonardo die Resonanz an zwei gleichgestimmten Saiten einer Laute, sowie an zwei Glocken, von denen eine zu tönen begann, wenn die andere von gleicher Tonhöhe in der Nähe angeschlagen wurde. Er wußte auch, daß das Wasser den Schall besser fortleitet als die Luft.

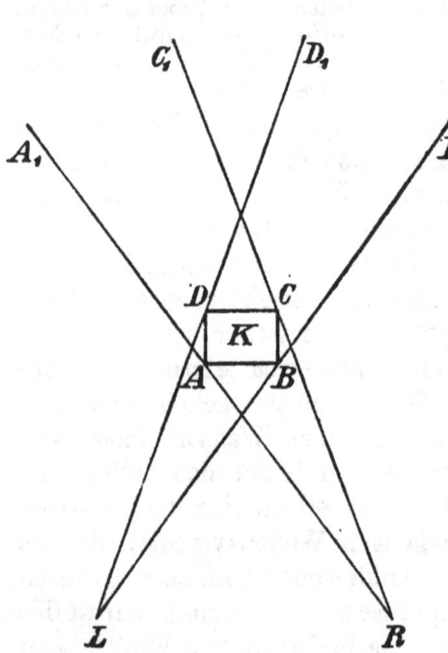


Fig. 6. Stereoskopisches Sehen nach Leonardo da Vinci.

Er ersann auch die bekannte „Camera obscura“ und basierte auf sie eine Theorie des Sehens, besonders um zu erklären, warum auf dem Augenhintergrund ein umgekehrtes Bild des Objekts entsteht, was er anscheinend zuerst beobachtet hat.

Auch auf eine später beim Stereoskop benutzte Tatsache macht Leonardo da Vinci aufmerksam. Er weist nämlich darauf hin, daß jedem Auge der Raum hinter einem undurchsichtigen Körper verborgen bleibt, der dem Schatten entspricht, wenn man das Auge durch eine Lichtquelle ersetzt denkt. Dem rechten Auge $R$ bliebe also (Fig. 6) der Raum $A_1ACC_1$, dem linken aber $D_1DBB_1$ verborgen. Beim Sehen mit beiden Augen zugleich bleibt aber nur der Kernschatten unsichtbar, so daß also gewissermaßen beim binokularen Sehen der Körper $K$ durchsichtiger wird.

Unter den astronomischen Notizen Leonardos gibt eine große Zahl in richtiger Darstellung diejenigen Erscheinungen an, die ein Mondbewohner beobachten könnte; unter anderm gibt er die bekannte Erklärung für das sog. „aschfarbene Licht“[1]).

Wir haben nur die Hauptgedanken in den noch erhaltenen Schriften Leonardos skizziert und müssen es tief beklagen, daß seine genialen Studien der Physik nichts nützen konnten. Es hätte ihr damals nichts geschadet, da eigentliche bedeutende Fortschritte besonders in der Mechanik nur spärlich gemacht wurden. Wie man damals theoretische Physik zu treiben pflegte, zeigen die beiden Italiener Tartaglia (1501—59) und Cardano (1501—76).

Tartaglia gibt zunächst an, die Bahn eines horizontal geworfenen Körpers sei überall gekrümmt, während die Peripatetiker glaubten, sie sei zunächst eine horizontale und nach geringer Krümmung eine vertikale Gerade. Tartaglia argumentiert nun weiter: „Wirft man einen Körper senkrecht (unter 90°) in die Höhe, so ist die Wurfweite in der Horizontalen gleich Null. Wirft man ihn horizontal (unter 0°), so sinkt er sofort unter die Horizontale, hat also auch auf dieser die Wurfweite Null. Also (!!) muß man die größte Wurfweite erhalten, wenn man ihn mit einer Elevation von 45° wirft.“ Zufällig ist das wahr, aber Tartaglias Logik ist so schlecht als nur möglich.

Cardano, ein dunkler Ehrenmann, hat zunächst die richtige Anschauung, daß man zur Bewegung eines Körpers auf einer horizontalen (idealen) Ebene keine Kraft brauche, während man bei einer Vertikalebene zum Heben des Körpers die Schwere im vollen Betrag überwinden müsse. Aus dieser Wahrheit zieht Cardano nun den bösen Schluß, die auf der schiefen Ebene erforderliche Kraft sei dem Neigungswinkel proportional, während sie tatsächlich dem Sinus proportional ist. Mit der Erwähnung der nach ihm benannten „cardanischen Aufhängung“ von Schiffskompassen, Foucaultschen Pendeln usw. können wir uns hier begnügen.

---

[1]) Vergleiche hierzu Sammlung Göschen Nr. 91, S. 86

Zu wirklicher Bedeutung in der Mechanik gelangte der 1548 zu Brügge geborene und 1620 zu Leiden verstorbene niederländische Deichinspektor Simon Stevin mit seinem leider nicht in der Gelehrtensprache geschriebenen und daher in jener Zeit wenig beachteten Werke „De Beghinselen der Weegkonst“ (Prinzipien des Gleichgewichts). Er denkt sich um ein Dreieck mit horizontaler Grundseite eine gleichmäßig beschwerte Kette gelegt. Diese ist offenbar ohne Bewegung, auch dann, wenn die

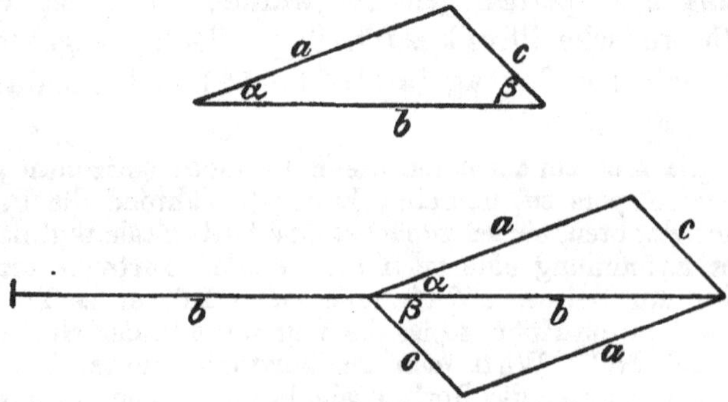


Fig. 7. Dreieck der Kräfte nach Stevin.

an den drei Seiten anliegenden Kettenteile zu je einer Last vereinigt sind, und wenn außerdem keine der drei Seiten horizontal ist. Die drei Kräfte sind also im Gleichgewicht, wenn sie in Größe und Richtung den drei Seiten eines Dreiecks entsprechen. Wir können auch sagen: Stoßen drei Kräfte $a$, $b$, $c$ in einem Punkte $P$ zusammen unter den Winkeln $\sphericalangle (a, b) = \alpha$ und $\sphericalangle (a, c) = \beta$, so herrscht Gleichgewicht, wenn man aus ihnen ein Dreieck konstruieren kann, das $a$, $b$ und $c$ als Seiten und $\alpha$ und $\beta$ als anliegende Winkel an $b$ aufweist (Figur 7). (Legt man an $b$ dasselbe Dreieck nochmals an, so entsteht unser

Parallelogramm der Kräfte.) „Wonder en is gheen Wonder" (Ein Wunder und doch kein Wunder) schreibt Stevin zu diesem merkwürdigen Satze.

Bei dem anfänglich besprochenen Dreieck müssen auch die Kettenteile auf den zwei schrägen Seiten sich gegenseitig im Gleichgewicht halten, da das Stück unter der Basis, durch die Schwere nur abwärts wirkend, keine seitliche Bewegung hervorrufen kann. Die Kräfte auf den beiden schrägen Seiten halten sich also im Gleichgewicht, wenn sie sich nach Größe und Richtung wie diese Seiten verhalten. Steht die eine der beiden Seiten auf der Grundlinie senkrecht, so repräsentiert der vertikale Kettenteil die Kraft, mit der man die Last auf der schrägen Seite einer schiefen Ebene im Gleichgewicht halten kann. Mit andern Worten: die Kraft steht zur Last in demselben Verhältnis wie die Höhe der schiefen Ebene zur Länge.

Von hoher Bedeutung wurde Stevin für die Hydrostatik. Die Versuche, mit denen er seine diesbezüglichen Gesetze auffand, sind in der Hauptsache noch die heutigen. Er fand, daß der Bodendruck einer Flüssigkeit nicht von der Gefäßform, sondern nur von der Niveauhöhe abhängt und gleich dem Gewicht einer Flüssigkeitssäule ist, die den Boden als Grundfläche hat und jene Höhe besitzt. Aus diesem hochwichtigen Satze erhält er das Gesetz der kommunizierenden Gefäße und ebenso auch aus diesem jenen Satz, wie wir das noch heute unter Verwendung des Apparats von Haldat (1770—1852) bei der Besprechung dieses sog. hydrostatischen Paradoxons zu tun pflegen.

Stevin verallgemeinerte auch das Prinzip des Archimedes, indem er sich die Frage vorlegte, in welcher Lage denn eigentlich ein Körper schwimmen müsse. Er fand, daß stets der Schwerpunkt $S$ des schwimmenden Körpers mit dem Schwerpunkt *W* der verdrängten Wassermasse in einer Vertikalen liegt, und daß zur Erreichung des Gleichgewichts *S* unter *W* liegen muß. Bei Schiffen tritt dies ein, wenn das sog. Metazentrum (der Schnittpunkt des Auftriebs mit der Längsmittelebene des Schiffs) über dem Schiffsschwerpunkt liegt.

An astronomische Studien auf mechanischer Grundlage hatte man bisher noch nicht gedacht. Das damals übliche Weltsystem des Ptolemäus (s. o.) war auch tatsächlich dafür gar nicht geeignet. Es nahm in der Hauptsache an, die Erde sei unbeweglich im Mittelpunkte der Welt umkreist von den acht Kristallsphären für die sieben Planeten und die Fixsterne. Da Ptolemäus möglichst allen bekannten Himmelserscheinungen genügen wollte, wies das ausgebaute System eine sinnverwirrende Kompliziertheit auf. Er hatte es in seiner *Μεγάλη σύνταξις τῆς ἀστρονομίας* (= Große Zusammenstellung der Astronomie) oder dem „Almagest" — wie der Titel der arabischen Übersetzung lautete — niedergelegt. Durch das sog. Zurückweichen der Äquinoktialpunkte paßte das System im Laufe der Jahrhunderte immer schlechter zu der Wirklichkeit, so daß z. B. die arabischen Astronomen, die am Hofe des kastilischen Königs Alfons X. (1252—84) zu Toledo mit mühsamen Messungen („alfonsinische Tafeln") beschäftigt waren, fast daran verzweifelten. Selbst der weise Alfons X. meinte, wenn er bei der Schöpfung um Rat gefragt worden wäre, hätte er ein wenig mehr Einfachheit empfohlen. Fanatische Kleriker legten ihm diese Äußerung als Gotteslästerung aus, so daß er abgesetzt wurde, um sein Leben in tiefster Armut zu Sevilla zu beschließen.

Im Jahre 1543 erst erschien das Werk, das berufen war, nicht sofort, aber endgültig mit dem geozentrischen

System aufzuräumen, um ihm ein heliozentrisches entgegenzustellen. Es war das Buch „De revolutionibus orbium coelestium" (Über die Kreisbewegungen der Weltkörper), eine Frucht langjähriger Arbeit des Domherrn Nicolaus Coppernicus (1473—1543).

Das geozentrische System befriedigte ihn nicht, besonders vermißte er die Harmonie und Symmetrie, die sich ihm sonst in der Natur zu offenbaren schien. Wir lassen ihn selbst reden:

„Soll das Weltgebäude ein Gebilde sein, bei dem Hand, Fuß, Auge, Haupt, Herz, alle Glieder zwar einzeln, jedes für sich genommen, schön und hold sind, alle zusammen aber ein Ungeheuer, kein Ganzes? Wer zeichnet, welcher Baumeister entwirft so? Und Gott soll unsere Sonnen und Erden also entworfen haben?" Vom eigenen System sagt er: „Durch keine andere Anordnung habe ich eine so bewundernswerte Symmetrie des Weltalls, einen so harmonischen Zusammenhang der Bahnen gefunden, als dadurch, daß ich die Sonne, die umherkreisende Familie der Gestirne lenkend, als Weltleuchte in die Mitte des herrlichen Naturtempels wie auf einen Thron setzte, von dem aus sie alles durchleuchten kann."

Den Gedanken von der Erdbewegung haben vor Coppernicus schon wiederholt Gelehrte ausgesprochen, aber nicht so konsequent verfolgt, wie er das tut. Er folgerte aus seinen Beobachtungen: „Die Erde dreht sich in 24 Stunden in der Richtung von West nach Ost um eine Achse", ferner: „Die Erde beschreibt in einem Jahre einen Kreis um die Sonne." Coppernicus hatte die richtige Anschauung, daß die Erdachse bei der jährlichen Bewegung parallel bleiben muß, und ersann sich einen Mechanismus zwischen Sonne und Erde, mit dem dies erreicht würde. Die mangelhaften Kenntnisse seiner Zeit in der Mechanik entschuldigen diesen Irrtum, den später Galilei beseitigen konnte.

Mit Rücksicht auf die große Bedeutung des coppernicanischen Systems für Astronomie und Physik und dei

Schicksale Galileis müssen wir etwas genauer auf seine Geschichte eingehen. Der lutherische Theologe Andreas Hoßmann, genannt Osiander, in Nürnberg (1498 bis 1552) war mit der Beaufsichtigung des Druckes des coppernicanischen Buches betraut. In gut gemeinter Absicht spielte er dem Werke und seinem Verfasser einen schlimmen Streich. Die Vorrede sollte nämlich mit einer Widmung an Papst Paul III. ausdrücklich betonen, der Verfasser lehre nicht etwa eine Hypothese, sondern unumstößliche Tatsachen, die man nicht mit verdrehten Bibelstellen bekämpfen dürfe. Coppernicus sagt:

„Heiligster Vater, ich weiß wohl, daß viele Leute meine Lehre als unbedingt verwerflich bezeichnen werden, wenn sie vernehmen, daß ich .... der Erdkugel gewisse Bewegungen zuschreibe. .... Sollten hohle Schwätzer auftreten und sich ein Urteil anmaßen, obgleich sie mathematisch nicht geschult sind, und dann gestützt auf eine böswillig für ihre Zwecke verdrehte Stelle der Heiligen Schrift mein Werk anzugreifen und zu tadeln wagen, so will ich mich um solche Leute gar nicht kümmern und ihre Kritik als leichtfertig verachten. .... Mathematisches wird nur für Mathematiker geschrieben, und daß diese der festen Ansicht sein werden, meine Arbeiten könnten auch der Kirche von Nutzen sein, das weiß ich ziemlich sicher."

Osiander hielt eine solche Sprache für zu gefährlich und wollte die Vorrede ändern, was Coppernicus aber nicht genehmigte. Osiander tat es aber doch. Als unser Astronom die ersten Bogen seines Werkes erhielt, lag er schon — so erzählt man —, an Geist und Körper gelähmt, auf dem Sterbebette. Er hat von der Fälschung Osianders nichts mehr erfahren. Jetzt war das Werk „ungefährlicher", aber sein Inhalt war ja doch nur Hypothese, wie die neue Vorrede sagte; deshalb beschäftigte man sich nicht sehr eingehend damit. Zudem widersprach es ja offenbar aller Beobachtung. Warum spüren wir denn nichts von der Erdbewegung? Wenn die Erde wirklich rotierte, so müßte man doch nach einem Sprunge westlich vom ersten Standpunkt wieder auf den Boden kommen! So argumentierten die Gegner. Es fehlten eben noch die physikalischen Beweise, besonders aber das Beharrungsgesetz, das erst Galilei aufstellte.

Wir wollen schon hier vorweg betonen, daß die Kirche, sowohl die katholische als evangelische, die neue Lehre bekämpfen mußte. Nahm man die Erde im Mittelpunkt der Welt an, so war sie dadurch vor allen Himmelskörpern bevorzugt und erschien gewissermaßen als Endzweck der Schöpfung und mit ihr die darauf wohnende Menschheit. In dem neuen System fiel aber diese bevorzugte Stellung der Erde weg, und die ihr angepaßte Heilige Schrift schien an universeller Bedeutung zu verlieren, was man natürlich nicht aufkommen lassen durfte, da die Reformation ohnehin schon genug Verwirrung in berufenen und unberufenen Köpfen angerichtet hatte.

So sehr Tycho Brahe (1546—1601), der Hofastronom Kaiser Rudolfs II. (1576—1612), das Genie des Coppernicus achtete, so wenig konnte er sich seiner Lehre anschließen. Er stellte vielmehr ein eigenes System auf, das er in dem Werke „De mundi aetherei recentioribus phaenomenis“ veröffentlichte. Er ließ die Planeten Kreise um die Sonne beschreiben, diese selbst sich wieder in einem Kreise um die Erde bewegen, die täglich um eine Achse rotierte. Das tychonische Weltsystem konnte sich aber nicht lange behaupten.

Auf dem Gebiete der Optik kommen im sechzehnten Jahrhundert besonders zwei Männer in Betracht: Franciscus Maurolycus (1494—1575) und Giambattista della Porta (1538—1615).

Maurolycus war Abt des Klosters Santa Maria a Partu bei Castro nuovo und beschäftigte sich viel mit mathematischen Dingen. Seine optischen Studien sind in dem Werke: „Photismi (theoremata) de lumine et umbra“ niedergelegt. Er erklärt dort, wie Leonardo da Vinci, die Camera obscura und damit auch die Sonnenbildchen, wie man sie als elliptische Lichtflecke unter Bäumen sehen kann. Aristoteles hatte sie bereits beobachtet und bemerkt, daß sie bei partiellen Sonnenfinsternissen sichelförmig waren. Maurolycus macht auch zum ersten Male darauf aufmerksam, daß ein Lichtstrahl sich parallel verschiebt, wenn er eine planparallele Platte passiert. Über den physikalischen Vorgang im Auge hat er wesentlich richtigere Vorstellungen als seine Zeitgenossen, vor allem indem er die Linse des Auges mit einem Brennglase vergleicht. Seine Erklärung für Kurz- und Weitsichtigkeit ist aber falsch.

Porta gibt in seiner „Magia naturalis", die er mit 15 Jahren schon veröffentlichte, eine Unzahl der abenteuerlichsten und unnatürlichsten Dinge und Apparate an, so daß es ungemein schwer ist zu sagen, was er eigentlich wirklich beobachtet und was er nur zusammenphantasiert hat. Auf ihn geht anscheinend die erste primitive Laterna magica zurück, bei der er Figuren auf durchsichtigem Papier benutzte. Er erwähnt, daß man in zwei unter dem Winkel $\alpha$ zusammenstoßenden Spiegeln von einem Gegenstand $\frac{360}{\alpha} - 1$ Spiegelbilder sieht. Er behauptet auch in dem Brennpunkt eines Hohlspiegels Gold usw. geschmolzen und Eisen geglüht (!!) zu haben. Er gebraucht überdies statt des Wortes „Brennpunkt" den Ausdruck „Umkehrpunkt", weil ein Gegenstand zwischen diesem Punkt und dem Spiegel ein aufrechtes virtuelles Bild liefert, während das Bild eines Objekts jenseits dieses Punktes reell und umgekehrt ist. Das Bild kehrt sich also gewissermaßen um, wenn der Gegenstand den Brennpunkt passiert.

Auch auf dem bisher nur wenig betretenen Gebiete des Magnetismus ist Porta zu erwähnen. Er wußte, daß man Eisen durch Bestreichen mit einem Magneten magnetisch machen kann, und daß dadurch jeweils der entgegengesetzte Pol erzeugt wird. Er kannte auch bereits das Gesetz von der Anziehung ungleichnamiger („freundlicher") und der Abstoßung gleichnamiger („feindlicher") Pole. Er glaubt, der Magnetismus wirke nur an den Polen. Im übrigen hatte er ganz krause Vorstellungen auf diesem Gebiet, so erzählt er z. B. allen Ernstes, wie man die Treue einer Frau mittels eines Magneten prüfen könne. (!)

Der 1489 geborene und 1564 als Vikar an der St. Sebalduskirche zu Nürnberg verstorbene Georg Hartmann war wohl der erste, dem die Inklination der Magnetnadel auffiel (1544); er ermittelte sie zwar nur zu 9 Grad, während erst der englische Seemann und Kompaßverfertiger Norman sie im Jahre 1580 annähernd richtig (zu 71° 50′ für London) erhielt, nachdem er das erste brauchbare Inklinatorium gebaut hatte. Norman glaubte, die Inklinationsnadel weise nach einem Punkte im Innern der Erde, ohne jedoch diese selbst für magnetisch anzusehen. Dies tat erst William Gilbert (1540—1603), Leibarzt der Königin Elisabeth von England (1558—1603), der seine magnetischen und die noch zu besprechenden elektrischen Studien in dem zu London (1600) erschienenen Werke: „De magnete magneticisque corporibus et de magno magnete tellure Physiologia nova“ niederlegte.

Gilbert ist der eigentliche Begründer des Erdmagnetismus. Er hängte erstmalig die Magnetnadel an einem Faden auf und führte sie um eine magnetisierte Stahlkugel herum, die die Nadel gerade so wie die Erde beeinflußte. Er glaubte, die magnetischen Pole fielen mit den geographischen zusammen. Nicht viel Glück hatte er mit den Annahmen, der Erdmagnetismus werde durch die Achsendrehung der Erde und die Deklination durch die ungleichmäßige Verteilung von magnetischem Land und unmagnetischem Wasser hervorgerufen. Die Wirkung natürlicher Magnete verstärkte er durch eine Armierung mittels eines Eisenbandes und zeigte, daß man keineswegs einen natürlichen Magneten brauche, um Stahl zu magnetisieren. Er fand nämlich, daß ein Stahlstab durch den Erdmagnetismus magnetisch wird, wenn man ihn senkrecht stellt oder in den Meridian legt, ganz besonders aber, wenn man ihm die Lage der Inklinationsnadel gibt.

Bei ihm findet sich erstmals der moderne Begriff des magnetischen Felds. Er wußte, im Gegensatz zu Porta, daß ein Magnet überall Magnetismus aufweist, besonders viel aber an den Polen. Er vermutete daher, der Nord- und Südmagnetismus sei auf die einzelnen Hälften des Magneten verteilt, so daß man durch Zerbrechen den einen Magnetismus vom anderen trennen könne. Darin täuschte er sich aber: jeder Teil eines zerbrochenen Magneten wies einen Nord- und Südpol auf. Diese wichtige Tatsache bildet die Grundlage zu der bekannten Theorie Coulombs von den Molekularmagneten.

Eine wichtige, das Wesen des Magnetismus betreffende Frage hatte Norman gelöst. Er glaubte nämlich zuerst, eine Magnetnadel zeige eine Inklination durch das Gewicht des innewohnenden Magnetismus. Wie erstaunte er, als sich zeigte, daß ein Stahlstück sein Gewicht nicht änderte, wenn er es magnetisierte. Der Magnetismus war also gewichtslos, unwägbar. Die eigentliche Entwicklung des Begriffs von den Imponderabilien blieb aber einer weit späteren Zeit vorbehalten.

Die Anziehung von Eisen durch den Magneten erinnerte Gilbert an die längst bekannte, aber nur wenig beachtete Eigenschaft des geriebenen Bernsteins, leichte Körper anzuziehen. Er untersuchte alle möglichen Körper auf diese Eigenschaft hin, wobei er als anzuziehenden Gegenstand eine pfeilförmige, einige Zoll lange Metallnadel benutzte, die, in der Mitte unterstützt, auf einer Spitze balancierte. Er bemerkte, daß einige Körper nach dem Reiben die Nadel anzogen, andere aber nicht. Zu jenen gehörten Glas, Harze, Bergkristall, Diamant usw., zu diesen vor allem die Metalle, dann Knochen, Holz, Marmor usw. Dabei beobachtete er, daß die Anziehung durch feuchte Luft verhindert wurde, was doch bei einem Magneten sich unter keinen Umständen zeigte. Er nahm daher eine neue Naturkraft an, die er nach der griechischen Bezeichnung des Bernsteins: „elektrische Kraft“ (noch nicht „Elektrizität“) nannte. Seine Anschauungen über ihr Wesen können wir verschweigen, da sie als ganz unrichtig bald überholt wurden.

Mit Gilbert treten wir zum ersten Male in das hochinteressante Gebiet der elektrischen Erscheinungen ein, deren Studium die Physik und die Technik in den folgenden drei Jahrhunderten ganz ungeheuer förderte. Schon deshalb empfiehlt es sich, hiermit die Geschichte der mittelalterlichen Physik abzubrechen. Wir stehen an der Schwelle der neueren Zeit, die der exakten naturwissenschaftlichen Forschung den richtigen Weg eröffnet hat, vorgezeichnet durch den genialen Italiener Galileo Galilei.

---

# Geschichte der Physik in der Neuzeit.

## Galileo Galilei.

Unsere Betrachtung der Physik des 16. Jahrhunderts hat uns zu verschiedenen Malen gezeigt, wie verhängnisvoll es für die Wissenschaft werden konnte, wenn Gesetze, die man durch naturphilosophische Spekulationen erlangt hatte, nicht auch durch den Versuch bestätigt wurden. Es bedeutete für den Entwicklungsgang unserer Wissenschaft einen ungeheuren Fortschritt, als man zu der wichtigen Erkenntnis gelangte, man müsse in physikalischen Fragen nicht einzig und allein die Naturphilosophie, sondern auch das Experiment das letzte und entscheidende Wort reden lassen. Bei Leonardo da Vinci, Stevin und Gilbert finden sich schon die ersten Anfänge einer solchen Forschungsweise. Erst Galilei führte sie konsequent durch. Ihm gelang es, zu zeigen, auf welch schwachen Füßen die Physik der Peripatetiker stand, ja wie sie sogar Lehren weiterschleppte, die der einfachsten Erfahrung auf das gröblichste widersprachen.

Seine Erfolge sind mit seinen Lebensschicksalen so innig verknüpft, daß wir uns zunächst zu diesen wenden.

Galileo Galilei wurde am 15. Februar 1564 als Sohn des Florentiners Vincenzo Galilei bei einem vorübergehenden Aufenthalt der Eltern zu Pisa geboren. Der Vater war als Musiker hochgeachtet, besaß aber nur wenig Vermögen und geringe Einkünfte, die ihm die erstrebte Erziehung seiner sechs Kinder sehr erschwerten. Galileo besuchte in Florenz, dem ständigen Wohnsitz der Eltern, die lateinische Schule, sollte aber nach dem Wunsche des Vaters Tuchhändler werden, da dieser Beruf bei den Landsleuten hoch geachtet war. Er kam jedoch zunächst zur weiteren Ausbildung zu den Brüdern des Klosters Vallombrosa, die ihn wegen seiner hohen Begabung für den Orden gewinnen wollten, was aber der Vater vereitelte. Er bestimmte ihn vielmehr für die Wissenschaft und zwar für die damals einträglichste, die Medizin. Am 5. November 1581 bezog er als Student die Universität Pisa. Es gelang ihm aber nicht, sich den fremden Ideen, die man dort vortrug, anzuschließen. Es drängte ihn nach eigenem Forschen. Disputationen, die er zum Teil sogar öffentlich über Punkte aristotelischer Weisheit hielt, schufen ihm schon frühzeitig manche Feinde. Mit 19 Jahren fand er bereits den Isochronismus der Pendelschwingungen, d. h. die Tatsache, daß die Schwingungsdauer eines Pendels von der Schwingungsweite (in gewissen Grenzen!) unabhängig ist. Man erzählt, er habe dies 1583 an einem pendelnden Kronleuchter im Dom zu Pisa durch Zählen der Pulsschläge festgestellt. Im gleichen Jahre begann er auch sich der Mathematik zuzuwenden, die ihm bis dahin noch unbekannt geblieben war. Da man sie für eine recht nutzlose Wissenschaft anzusehen pflegte, erlaubte der Vater nur ungern, daß sich der Sohn dieser Wissenschaft und der Physik widme. Zudem gingen ihm die Mittel aus. Ein Gesuch an den Großherzog Ferdinand von Medici um Gewährung eines Freiplatzes wurde abgeschlagen. Darum kehrte Galilei nach Hause zurück und setzte dort seine Studien fort. Er beschäftigte sich besonders mit Euklid und Archimedes. Die erste Frucht dieser Arbeiten war die „Bilancetta“, eine hydrostatische Wage.

Sie bestand (Figur 8) aus einem um $D$ drehbaren zweiarmigen Hebel $AB$, an den man in $B$ gleiche Gewichtsmengen $K$, Gold oder Silber, anhängen konnte. In diesem Falle mußte bei Gleichgewicht das Laufgewicht $P$ sich in $A$ befinden. Tauchte man aber $K$ in Wasser, so mußte eine Verschiebung von $P$ erfolgen, für Gold nach $G$, für Silber nach $S$ und für eine gleichschwere Legierung der beiden Metalle nach einem Punkte $L$ zwischen $G$ und $S$. Es mußte etwa sein

$$DG = 0{,}948 \cdot DA$$

und

$$DS = 0{,}905 \cdot DA\,.$$

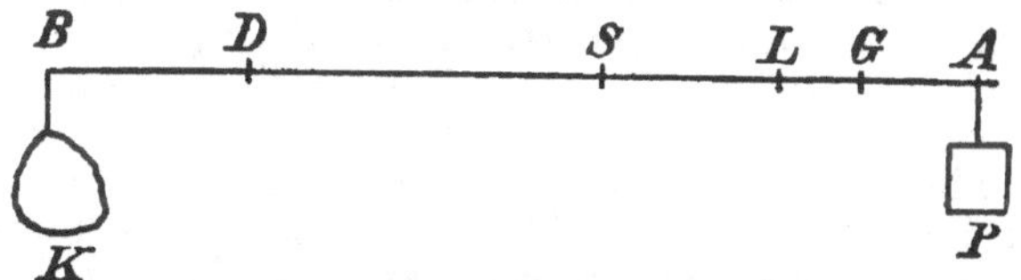


Fig. 8. Die Bilancetta des Galilei.

Ist $DL = l$, so ist das spezifische Gewicht der Legierung

$$\lambda = \frac{a}{a - l},$$

wenn wir $DA$ mit $a$ bezeichnen. Zwischen der Goldmenge $g$ und der Silbermenge $s$ in der Legierung besteht dann die Beziehung

$$\frac{g}{s} = \frac{203\,l - 183\,a}{192\,a - 203\,l}\,.$$

Dies Instrument ist keineswegs sehr empfindlich oder besonders brauchbar, aber als eines der Erstlingswerke unseres Forschers von Interesse.

Schon wurde Galileis Name in Italien bekannt, namhafte Gelehrte verkehrten und korrespondierten mit ihm. Im Jahre 1589 wurde ihm der freigewordene Lehrstuhl für Mathematik an der Universität in Pisa mit dem Hungerlohn von 60 Scudi (= 24 Mark) übertragen. Wenn man bedenkt, daß der Mediziner an der gleichen Hochschule 2000 Scudi Gehalt bezog, war Galileis Bezahlung geradezu jämmerlich, ein Zeichen der geringen Wertschätzung der Mathematik. Das Jahr 1590 gab ihm die erste Waffe gegen die Aristoteliker in die Hand. Diese glaubten, verschieden schwere Körper müßten auch verschieden schnell fallen, ein zehnpfündiger Körper zehnmal so schnell als ein einpfündiger. Galilei stellte zunächst folgende Überlegung an: Gleichschwere Körper fallen zweifellos gleichschnell, es kann daher auch nichts ausmachen, wenn sie zu **einem** schwereren Körper vereint miteinander fallen. Alle Körper müssen demnach gleichschnell fallen. Am schiefen Turme in Pisa prüfte und bestätigte er sein Gesetz experimentell: Holz, Blei, Marmor, eine halb- und eine hundertpfündige Kanonenkugel fielen in der gleichen Zeit zu Boden. Nur geringe Unterschiede traten auf, die Galilei aber richtig durch den Luftwiderstand erklärte. So beweiskräftig diese Versuche waren, man wollte sie nicht glauben, man durfte an dem herrlichen Gebäude aristotelischer Weisheit unmöglich einen 26jährigen jungen Gelehrten rütteln lassen. Deshalb versteifte man sich auf die kleinen Differenzen bei Galileis Versuchen, **sie** sollten die alte Anschauung stützen. Man suchte den jungen Professor aus Pisa zu entfernen. Eine freimütige Kritik über eine unpraktische Baggermaschine, die der Bastard des Stiefbruders des Großherzogs (!) zur Reinigung der Hafenanlagen von Livorno konstruiert hatte, machte Galilei in Pisa unhaltbar. Er verließ es noch vor Ablauf der 3 kontraktlich festgelegten Jahre und kehrte nach Florenz zurück, wo am 2. Juli 1591 sein Vater starb.

Durch Empfehlung seitens eines Gönners an den Senat von Venedig wurde Galilei im September 1592 zum Professor für Mathematik an der Universität der Republik zu Padua zunächst für sechs Jahre ernannt. Am 7. Dezember hielt er seine Antrittsvorlesung, die so günstig ausfiel, daß er bald eine enorme Zahl von Zuhörern hatte — öfters bis zu 2000 —, so daß bald kein Hörsal mehr ausreichte. Er las über die verschiedensten Gegenstände, besonders aber über den Almagest des Ptolemäus und die Mechanik des Aristoteles. Auf diesem von ihm schon in Pisa betretenen Gebiete erwarb er sich zuerst seine weiteren Verdienste. Die abstruse Anschauung der Peripatetiker, ein freifallender Körper falle deshalb immer rascher, weil die ihm folgende Luft ihn immer von neuem antreibe, leitete ihn zu dem Problem des freien Falls überhaupt.

Er geht von dem Gedanken aus, daß die Schwerkraft konstant auf den freifallenden Körper wirkt. Beginnt die Fallbewegung, so hat der Körper nach einem bestimmten Zeitteil eine gewisse Geschwindigkeit, die vermöge der konstant wirkenden Schwerkraft nach dem zweiten Zeitteil den doppelten, nach dem dritten den dreifachen Betrag usw. erreicht hat. Die Geschwindigkeiten verhalten sich also wie die Zeiten, die seit dem Fallbeginn verflossen sind. Stellen (Figur 9) $PA$, $AB$, $BC$ usw. die einzelnen Zeitteile vor, so mögen die Lote $A_1A$, $B_1B$, $C_1C$ usw. die jeweiligen Geschwin-

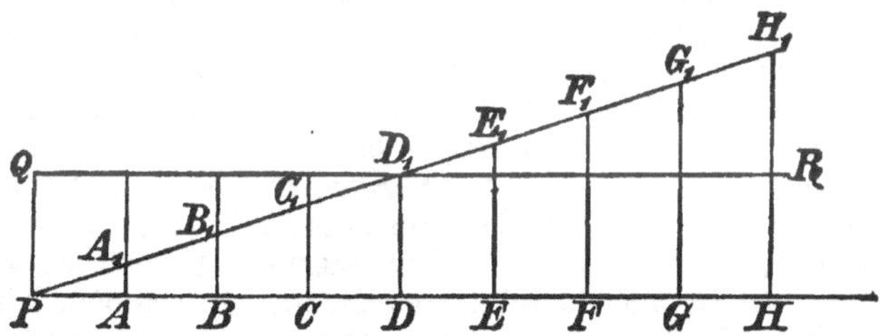


Fig. 9. Galilei, Fallbewegung I.

digkeiten repräsentieren. Für die Zeiten $PD = t_1$ und $PG = t_2$ gibt dann der vorige Geschwindigkeitssatz die Proportion:

$$DD_1 : GG_1 = t_1 : t_2 = PD : PG .$$

Das ist aber bekanntlich die geometrische Bedingung dafür, daß die Punkte $P$, $D$, $G$ und analog auch die anderen $A$, $B$, $C$, usw. auf einer Geraden liegen. Es sei nun $D_1$ der Mittelpunkt von $PH_1$ und $QR$ eine Parallele zu $PH$ durch diesen Punkt $D_1$. Die Lote bis zur Geraden $QR$ sind alle gleichgroß und zwar gleich der Hälfte der Endgeschwindigkeit $HH_1$. Diese Lote geben somit die Geschwindigkeiten eines sich gleichförmig, mit der Hälfte der Endgeschwindigkeit $HH_1$ bewegenden Körpers. Offenbar ist die Summe aller dieser Geschwindigkeiten dieselbe wie die der Geschwindigkeiten des fallenden Körpers. Man kann daher, zur Ermittlung des Fallraums, der Fallbewegung eine gleichförmige substituieren, wenn man ihr eine Geschwindigkeit beilegt, die halb so groß ist als die am Ende der Fallzeit. Beim freien Fall müssen sich daher die Wege $s$ und $S$ wie die halben Produkte aus den Endgeschwindigkeiten $v$ und $V$ und den Fallzeiten $t$ und $T$ verhalten. Also

$$s : S = \tfrac{1}{2}\, v t : \tfrac{1}{2}\, V T$$

oder

$$s : S = v t : V T\,.$$

Da man $v : V$ durch $t : T$ ersetzen kann, gibt dies

$$s : S = t^2 : T^2\,.$$

Somit gelangt man zu dem wichtigen Gesetz: Die Fallräume sind den Quadraten der Fallzeiten proportional.

Galilei nimmt dies Gesetz nicht sofort als richtig an, sondern sucht es zuerst experimentell zu prüfen und damit zugleich die Wahrheit der gemachten Annahmen zu bestätigen. Der von ihm eingeschlagene Weg ist allerdings keineswegs einfach und weicht gänzlich von dem heute im Unterrichte üblichen ab, da eben damals die experimentellen Hilfsmittel noch äußerst dürftig waren. Galilei erbrachte nämlich den Beweis für seine Gesetze mit der schiefen Ebene, wozu ihm eine geniale Betrachtung über das Pendel hinleitete. Wir versuchen sie kurz zu skizzieren:

Ein Pendel $MA$ (Figur 10), das man von $A$ aus fallen läßt, erreicht nach dem Durchgange durch die Ruhelage $MB$ einen Punkt $C$, der ebenso hoch über der Horizontalen $H_1\, H_2$ liegt als der Punkt $A$. Zu derselben Höhe erhebt es sich auch, wenn der Pendelfaden beim Schwingen (nach links) an den Stift $S$ anschlägt. Bei seiner Rückwärtsbewegung (nach rechts) erreicht er wieder den Punkt $A$, hat also auf dem Wege $DB$ offenbar dieselbe Geschwindigkeit erlangt als auf dem Wege $CB$. Da man jeden Kreisbogen als aus unendlich kleinen geraden Stücken bestehend ansehen kann, gilt dieser Geschwindigkeitssatz für alle Kurven, wenn sie nur die Höhe $CH_1$ haben, also auch für die schiefe Ebene. Galilei folgert daher, daß die Endgeschwindigkeit dieselbe sein muß, sowohl wenn der Körper auf der schiefen Ebene, als auch wenn er durch ihre Höhe frei fällt. Substituieren wir diesen beiden Fallbewegungen zwei gleichförmige mit der Hälfte derjenigen Geschwindigkeit, wie sie die fallenden Körper am Ende haben, so müssen sich, wie bei jeder gleichförmigen Bewegung, die Zeiten für die Bewegung in der Ebenenhöhe und -länge wie die zurückgelegten Wege, d. h. wie die Höhe zur Länge der schiefen Ebene verhalten. Durch die vorgenommene Substitution gilt dies auch für die wirklichen Fallbewegungen in der Höhe und Länge. Sie erzeugen dieselbe Endgeschwindigkeit in verschiedenen Zeiten offenbar durch Kräfte von verschieden großer Wirkung, die jenen Zeiten, also auch der Ebenenhöhe und -länge umgekehrt proportional sein müssen. Mit anderen Worten:

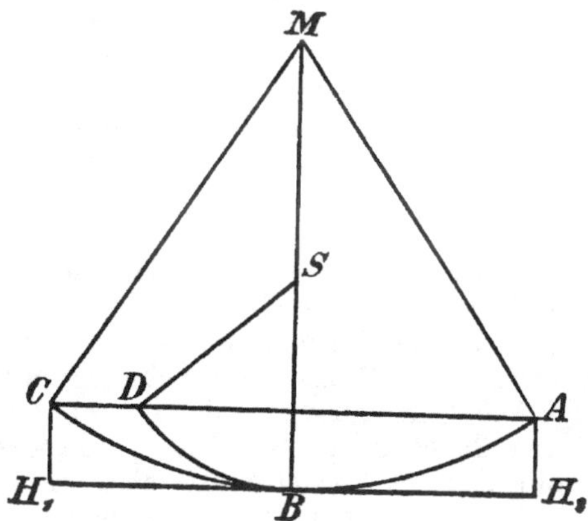


Fig. 10. Galilei, Fallbewegung II.

Die Beschleunigung, die ein Körper auf einer schiefen Ebene durch die Schwere erleidet, verhält sich zur Beschleunigung beim freien Fall, wie die Höhe der Ebene zu ihrer Länge.

Der Wert dieses Verhältnisses ist gewiß kleiner als 1, so daß die Beschleunigung durch Verwendung einer schiefen Ebene im Wert verringert wird, alle Gesetze für den freien Fall aber auch hier gelten. Man kann daher mit einer schiefen Ebene die Fallgesetze experimentell prüfen. Galilei gebrauchte hierzu ein geneigtes Brett von etwa 12 Ellen Länge und $^1/_2$ Elle Breite, in dem der Länge nach eine fingerdicke mit Pergament ausgeschlagene Rinne angebracht war. Darin ließ er Bronzekugeln rollen und bestimmte die Fallzeiten durch die Gewichtszunahme eines Gefäßes, in das Wasser in einem dünnen Strahle floß. Er erhielt wirklich die seiner Theorie entsprechenden Resultate.

Galileis Herleitung der Fallgesetze war unbedingt genial, aber auch äußerst umständlich, da sie das noch ungelöste Problem der schiefen Ebene in sich einschloß. Er gab die hinreichende, aber nicht die absolut notwendige Erklärung, was er auch selbst empfunden hat. Er schlug deshalb noch einen anderen, nicht viel einwandsfreieren Weg ein, wobei er dem Satz vom Kräfteparallelogramm nahe kommt, ihn aber nicht in der heute üblichen allgemeinen Form ausspricht.

Er trat auch an die Behandlung des schiefen Wurfs heran, und erkannte die Wurfkurve als Parabelstück, das durch den Luftwiderstand mehr oder weniger deformiert ist. Zur Demonstration ließ er eine Kugel über eine schräg geneigte Tafel rollen, wodurch er wie früher die Beschleunigung künstlich verkleinerte.

Recht interessant ist es, wie Galilei zu den Pendelgesetzen gelangte. Er untersuchte, wie sich die Schwingungsdauer mit zunehmender Pendellänge vergrößert. Nun bewegt sich, wie oben bereits erwähnt, die Pendelkugel nach den Fallgesetzen, so daß also die Schwingungsbogen den Quadraten der Schwingungszeiten oder letztere den Quadratwurzeln aus den Bogen proportional sind. Gehören diese zu gleichen Amplituden, so verhalten sie sich wie die Pendellängen. Die Schwingungszeiten sind daher den Quadratwurzeln aus den Pendellängen direkt proportional. Dies gilt allgemein, auch wenn die Amplituden verschieden sind, da ja diese die Schwingungszeiten nicht beeinflussen. Die bekannte Formel für das mathematische Pendel konnte Galilei nicht geben, er hat sich bei diesem Problem nicht zu voller Klarheit durchringen können.

Bei allen diesen Untersuchungen machte er bewußte Anwendung vom Beharrungsgesetze. Als „Trägheits"gesetz war es schon bekannt, indem es aussagte, daß ein ruhender Körper nicht von selbst in Bewegung geraten könne. Galilei verallgemeinerte es zum „Beharrungs"gesetze: „Ein Körper kann nicht von selbst seinen Bewegungszustand ändern", also auch nicht von selbst aus einer Bewegung in Ruhe kommen oder auch nur seine Geschwindigkeit verändern.

Das Gesetz der Trägheit stellt also nur einen besondern Fall von dem der Beharrung vor. Noch heute wird dies selbst in besseren Physikbüchern nicht scharf genug auseinandergehalten.

Auch an die bekanntlich recht verwickelte Lehre vom Stoß trat Galilei heran, kam aber mangels genügender Vorarbeiten nur zu dem Ergebnis, daß die Größe der Stoßkraft von dem Gewicht und der Geschwindigkeit des stoßenden Körpers bedingt wird.

Bei seinen Untersuchungen über die Festigkeit der Körper geht er auf die Anschauung des Aristoteles zurück, nach der in einem Körper beim Zerbrechen leere Räume entstehen müssen, denen die Natur vermöge ihres „Abscheus vor einem leeren Raume" („horror vacui") entgegenarbeitet, wodurch sie die Festigkeit bedingt. Ähnlich gestalten sich nach Galilei auch die Verhältnisse bei einer Flüssigkeit, was ihm sogar gestattete, die Größe des „horror vacui" zu messen, und ihm die Erklärung dafür gab, daß man in einer Saugpumpe Wasser nur 18 Florentiner Ellen hoch emporsaugen konnte.

Für das Studium der bei der Festigkeit in Betracht kommenden Molekularkräfte, und verschiedener Beobachtungen bezüglich der sogenannten Oberflächenspannung waren die Begriffe auch bei Galilei noch nicht genügend geklärt. Dagegen erkannte er richtig, daß in einer Flüssigkeit jeder Körper schwimmt, der ein geringeres spezifisches Gewicht besitzt. Bei seinen diesbezüglichen Untersuchungen wendet er erstmalig das Prinzip der virtuellen Geschwindigkeiten bewußt an.

Aus Zweckmäßigkeitsgründen sind wir bei der Darstellung der Verdienste Galileis in der Mechanik zeitlich etwas vorausgeeilt und kehren nunmehr wieder zu seiner Biographie zurück. Die ersten Jahre seiner Tätigkeit in Padua benutzte er auch zur Abfassung von Leitfäden für seine Vorlesungen, z. B. über Kriegsbaukunst, Gnomonik usw. Aus dem Jahre 1596 stammt sein Proportionalzirkel, der aus 2 linealförmigen Schenkeln besteht, die auf beiden Seiten mit Linien verschiedener Einteilung versehen sind. Mit ihm kann man alle elementaren Rechnungen ausführen, sowie Quadrat- und Kubikwurzeln ausziehen. Sodann gibt er an: die Sehnen für alle Grade bis 180, die Seitenlängen der einem Kreise einbeschriebenen regulären Vielecke, die Seiten ähnlicher Figuren mit dem 2, 3, 4...fachen Inhalte, die Seitenverhältnisse regulärer, einer Kugel einbeschriebenen Körper, die Durchmesser von Kugeln gleicher Schwere aus verschiedenen Metallen, Marmor, Alabaster usw. 1607 mußte sich Galilei für dieses Instrument dem Arzte Balthasar Capra in Mailand († 1626) gegenüber sein Prioritätsrecht wahren. Die formvollendete Satire der diesbezüglichen Schrift erregte allgemeines Aufsehen.

In Padua soll Galilei auch das Thermometer erfunden haben. Er hat uns jedoch darüber nichts hinterlassen, wir sind nur auf die Angaben seines Schülers Viviani (1622—1703) angewiesen. Danach handelt es sich jedoch nur um ein Thermoskop, bei dem die Ausdehnung der Luft durch die Wärme und die dadurch bewirkte Verschiebung eines Flüssigkeitsfadens benutzt wird. Ein solches Instrument gebrauchte aber der Mediziner Santorio (1560—1636) zu Padua schon früher. Das siebzehnte Jahrhundert hat als Erfinder gern den Grundbesitzer Drebbel (1572—1634) angegeben, aber wohl auch mit Unrecht. Die Geschichte dieses wichtigen Apparates in seinen Anfängen ist leider in völliges Dunkel gehüllt.

Nach Ablauf des Kontraktes in Padua erneuerte man ihn auf weitere 6 Jahre am 29. Oktober 1599. In diesen Zeitraum fiel ein Ereignis, das auch auf astrophysikalischem Gebiete für Galilei eine Waffe gegen die Peripatetiker lieferte. Am 9. Oktober 1604 erschien nämlich im Sternbilde des Schlangenträgers ein neuer Stern, der 18 Monate sichtbar blieb. Galilei erkannte sein Wesen richtig zum größten Entsetzen der Aristoteliker, die an dem Lehrsatze ihres Meisters von der Unveränderlichkeit des Himmels festhielten. Gegen 1000 Zuhörer wohnten den drei diesbezüglichen Vorlesungen Galileis bei.

Um den großen Gelehrten der Universität Padua zu erhalten, verpflichtete ihn die Republik Venedig am 5. August 1606 auf weitere sechs Jahre, in die die Erfindung des Fernrohres fällt. Die Frage nach dem wahren Erfinder dieses hochwichtigen Instruments muß nach dem heutigen Stande der bezüglichen Forschung als unlösbar bezeichnet werden. Es werden besonders zwei Brillenmacher zu Middelburg genannt, Zacharias Jansen und Franz Lippershey. Für diesen sprechen gewichtigere Gründe. Er legte den niederländischen Generalstaaten am 2. Oktober 1608 ein (binokulares) Fernrohr vor, das zwei verschieden geformte Bergkristallinsen besaß. In welchem Umfange Galilei Kenntnis von dieser Erfindung erhielt, wissen wir nicht sicher; genug, er hörte von dem Instrumente. Indem er mit konvexen und konkaven Gläsern probierte, gelang es ihm, in einem Tage (Mai 1609) ein solches zusammenzusetzen. Es ist ein Zufall, daß er dabei nicht mit zwei Sammellinsen zum astronomischen Fernrohr kam.

Übereifrige Biographen haben Galilei auch das Mikroskop zugeschrieben. Es stammt aber nicht von ihm, sondern wahrscheinlich von dem obenerwähnten Jansen, etwa aus dem Jahre 1590. Auch hier fehlt es an vollverbürgten Nachrichten. Seinen Namen hat es von dem Griechen Demiscianus, der auch das Fernrohr „Teleskop“ nannte.

Die Erfindung des Fernrohrs hat Galilei nie für sich in Anspruch genommen. Daß man es doch zuweilen nach ihm benennt, stützt sich auf seine fruchtbaren Entdeckungen mit dem neuen Instrument. Es gelang ihm zunächst, die ursprünglich dreifache Vergrößerung zu verzehnfachen. Man brachte der Sache sofort ein ungeheures allgemeines Interesse entgegen. Am 23. August 1609 kletterte Galilei mit Senatoren und Edelleuten auf die höchsten Kirchtürme zu Venedig und zeigte ihnen mit seinem Instrumente Fahrzeuge am fernsten Horizonte, die auf den Hafen Venedigs mit vollen Segeln zufuhren und erst nach zwei Stunden mit bloßem Auge wahrgenommen werden konnten. Der venezianische Senat belohnte ihn für die Verbesserung des Fernrohrs durch Verleihung der Lehrstelle in Padua auf Lebenszeit.

Das eigentliche Hauptverdienst Galileis bestand darin, daß er sein Fernrohr auf astronomische Objekte richtete und folgenschwere Entdeckungen damit machte, die er schon nach zehn Monaten in seinem „Nuncius sidereus“ = Sternenbote (1610) veröffentlichte. Er erkannte zunächst Berge und Täler auf der Mondoberfläche und sah auch auf der Nachtseite des Mondes leuchtende Punkte, die er richtig für Bergspitzen hielt, deren Maximalhöhe er sogar aus dem Abstand von der Lichtgrenze berechnete. Die Milchstraße löste sich in ein Heer von zahllosen kleinen Sternen auf. Zu den bekannten Sternhaufen fand er einige neue, z. B. in der „Krippe des Krebses", ferner im Kopfe und Gürtel des „Orion". Die Planeten erschienen als Scheibchen, die Fixsterne nur als helle Punkte. Bald sah er auch die Lichtphasen der Venus, die Coppernicus vermutet, aber niemals selbst beobachtet hatte. Am 30. Dezember 1610 schrieb er an Clavius in Rom, den angesehensten Mathematiker jener Zeit, diese Phasen der Venus seien ein Beweis für Rotation des Planeten um die Sonne. Am 7. Januar 1610 sah er drei kleine Sternchen nahe bei dem Jupiter, am 13. sogar noch ein viertes. Sie veränderten ihre Stellung, und er erkannte sie als Monde, die den Planeten in verschiedenen Zeiten und verschiedenem Abstand umkreisen. Den Peripatetikern kam diese großartige Entdeckung äußerst ungelegen. Sie widersprach ihrer Anschauung, daß ein sich bewegender Körper nicht zugleich Mittelpunkt einer neuen Bewegung sein könne, und bildete damit zugleich einen deutlichen Beweis für das Weltsystem des Coppernicus. Das war allerdings äußerst fatal, am einfachsten war es, man disputierte die Jupitermonde weg. Der obenerwähnte Clavius (1538—1612) meinte: „Ich lache über die angeblichen Jupiterbegleiter. Da muß man erst ein Fernrohr konstruieren, das diese zuerst selbst erzeugt (!) und dann natürlich zeigt! Mag Galilei bei seiner Meinung bleiben, ich halte auch an meiner fest." Einige besonders gescheite Peripatetiker meinten, die Fernrohre zeigten Dinge, die gar nicht existierten! Galilei versprach dem Verfertiger eines so verschmitzten Instruments 10 000 Scudi. In einem Briefe an Kepler vom 19. August 1610 erzählt er: „Du hättest laut lachen müssen, wenn Du gehört hättest, was für Dinge der erste Philosoph der Fakultät in Pisa in Gegenwart des Großherzogs gegen mich aufführte, wie er sich bemühte, mit Gründen der Logik und mit magischen Beschwörungen die neuen Sterne vom Himmel wegzudisputieren und wegzureißen." Einige guckten überhaupt nicht einmal in das Fernrohr hinein. Warum denn auch? Es stand ja doch nichts von diesen Dingen bei Aristoteles. Hielt Galilei ihnen vor, daß es damals ja auch noch kein Fernrohr gegeben habe, so schwiegen sie unwillig. „Was ist da zu machen? Wollen wir es mit Demokrit oder Heraklit halten? Ich meine, lieber Kepler, wir lachen herzhaft über die bodenlose Dummheit des Volkes."

Galilei beobachtete auch die seltsame Form des Saturn,

er erkannte aber nie den Ring, meinte vielmehr wegen seiner unvollkommenen Gläser, der Saturn besitze auf beiden Seiten noch zwei kleine Sterne, „wie wenn zwei Diener den alten Herrn stützten". Auf die Entdeckung der Sonnenflecken und die daran anknüpfenden Prioritätsstreitigkeiten können wir nicht weiter eingehen.

1610, das Jahr so weittragender Entdeckungen, bildet in Galileis Leben einen wichtigen Wendepunkt. Er verließ nämlich Padua, weil er sich durch seine Vorlesungen zu sehr von seinen wissenschaftlichen Arbeiten abgezogen fühlte. Diesen allein zu leben, sicherte ihm das Dekret vom 10. Juli 1610 zu, das ihn zum ersten Mathematiker und Philosophen der Universität in Pisa und „bei der Person des Großherzogs Cosimo II. von Toskana", eines jungen Fürsten, der jesuitischem Einfluß leicht zugänglich war, ernannte. Vorausschauende Freunde hatten Galilei mit vollem Recht gewarnt, aber zu seinem großen Schaden verschloß er sich ihnen. Venedig hatte im April 1606 die Gesellschaft Jesu ausgewiesen, so daß Galilei hier geschützt gewesen wäre.

Am 23. März 1611 reiste er nach Rom, um einflußreichen Prälaten und Gelehrten seine Entdeckungen zu zeigen und sie zu überzeugen. Bei dem Papst Paul V. erhielt er eine längere Audienz und wurde überall gefeiert. Wir wissen nicht, warum in einem Sitzungsprotokoll der heiligen Inquisitionskongregation vom 17. Mai 1611 plötzlich die Frage auftaucht, ob Galilei in dem Prozesse gegen den atheistischen Philosophen Cremonini genannt worden sei.

Mit dem ausgehenden Jahre 1613 beginnt der berühmte, in der Geschichte der Wissenschaften einzig dastehende Streit zwischen Galilei und den kirchlichen Gewalten. Der Pater Castelli richtete nämlich im Dezember 1613 einen Brief an ihn, in welchem er von einem Gespräch an der großherzoglichen Tafel in Pisa erzählte, bei dem die Frage aufgeworfen worden sei, ob sich die Lehre des Coppernicus mit der Bibel vertrage. Er selbst habe die Frage bejaht, es interessiere ihn, Galileis Meinung zu hören. Am 21. Dezember antwortete dieser sehr ausführlich; die Hauptgedanken sind:

„Die Bibel selbst kann nicht irren, wohl aber einer ihrer Ausleger. Die Ausdrucksweise der H. Schrift sucht sich der Fassungskraft des Volkes anzupassen. Es sind daher bei vielen Stellen Auslegungen zulässig, die sich vom Wortlaut entfernen, die aber jedenfalls von Sachverständigen herrühren müssen. Man muß dabei wohl unterscheiden zwischen Wahrheit und Interpretation der Bibel. In Sachen des Heils muß man sich unbedingt der H. Schrift unterwerfen, aber in natürlichen Dingen muß sich die Schrifterklärung nach den sicheren Ergebnissen naturwissenschaftlicher Forschung richten."

Was man gewünscht hatte, war erreicht. Man konnte Galilei aus Mangel an Intelligenz nicht bei seiner Wissenschaft selbst fassen, jetzt hatte man ihn auf theologisches Gebiet gelockt, auf dem er sich natürlich nicht auskannte. Der Brief zirkulierte in Abschriften, von denen eine auch den Dominikanern zu Florenz — wo Galilei wohnte — in die Hände fiel und passend verwendet wurde. Der Pater Caccini hielt am vierten Sonntag vor Advent 1614 in der Kirche Santa Maria Novella zu Florenz eine Predigt über den Doppeltext Josua 10.12–14 und Apostelgesch. 1.11 und begann mit den Worten: „Ihr galile(ä)ischen Männer, was steht ihr da und schaut gen Himmel." Nach kräftigen Ausfällen gegen Galilei charakterisierte er die Mathematik als eine Lehre des Teufels und meinte, man solle ihre Anhänger als Urheber aller Ketzereien aus den Städten vertreiben. Pater Lorini reichte am 7. Februar 1615 bei dem Präfekten der römischen Indexkongregation eine Klage gegen Galilei ein, weil er eine der Bibel widersprechende Lehre eines gewissen „Ipernico" (!!!) vortrage. Galilei kam im Dezember 1615 persönlich nach Rom und befreite sich in Vorträgen von allen lügnerischen Anklagen. Die Qualifikatoren (Sachverständigen) der Inquisition wurden am 19. Februar 1616 beauftragt, ihre Ansichten über die beiden Sätze zu äußern: 1. „Die Sonne ist der Mittelpunkt der Welt und darum unbeweglich." 2. „Die Erde ist nicht der Mittelpunkt der Welt und nicht unbeweglich, sondern sie dreht sich täglich um sich selbst." Am 23. Februar wurde das Gutachten veröffentlicht. Zu 1: Alle erklärten den ersten Satz für töricht und absurd in der Philosophie und für formell häretisch, sofern er Sätzen, die in der H. Schrift an vielen Stellen vorkommen, nach dem Wortlaut und nach der allgemeinen Auslegung und Deutung der heiligen Väter und gelehrten Theologen ausdrücklich widerspreche. Zu 2: Alle erklärten, daß er in der Philosophie denselben Tadel verdiene; theologisch betrachtet enthalte er mindestens einen Glaubensirrtum. — Im Anschluß daran kam das Werk des Coppernicus mit verwandten Schriften auf den Index.

Der Kardinal Bellarmin sollte Galilei von dem Urteil in Kenntnis setzen, ihn ermahnen, von seiner Anschauung abzugehen, ihm im Weigerungsfalle die Verteidigung der Lehre direkt verbieten und ihn einkerkern lassen, wenn er sich auch dann noch nicht füge. Wie sich Bellarmin des Auftrags entledigte, ist ganz unbekannt. Wir werden noch darauf zurückkommen.

Während der nächsten Zeit lebte Galilei sehr zurückgezogen in der Villa Segni bei Florenz. Im Jahre 1618 erschienen drei Kometen, über welche 1619 Orazio Grassi S. J., Professor der Mathematik am römischen Kollegium, einen Vortrag hielt und sie darin als wirkliche Himmelskörper bezeichnete. Galilei glaubte aber, sie seien eine durch die Atmosphäre bedingte Erscheinung, etwa wie Nebensonnen, und bewog seinen Freund und Schüler, Mario Guiducci, eine Gegenschrift zu veröffentlichen. Grassi beantwortete sie unter dem Namen Lotario Sarsi Sigensano in einer Schrift „Libra astronomica ac philosophica" noch im gleichen Jahre. Dieses Werk voll jesuitischer Tücke und Verschlagenheit verspottete Galilei in bissiger Weise, und sollte ihn durch boshafte Ausfälle gegen die Lehre des Coppernicus wieder auf das gefährliche Gebiet locken. Galilei wurde durch seine Freunde veranlaßt zu entgegnen, was mit besonderer Vorsicht geschehen mußte, da hinter Grassi die ganze Gesellschaft Jesu stand. Im Oktober 1623 erschien die Schrift, ein Meisterstück der Dialektik, unter dem Titel: „Il Saggiatore, nel quale con bilancia esquisita e giusta si ponderano le cose contenute nella Libra astronomica e filosofica di Lotario Sarsi Sigensano", kurz: „Die Goldwage".

Nach dem Tode des Papstes Paul V. (28. Januar 1621) bestieg Gregor XV. (9. Februar 1621) den Stuhl Petri, starb aber schon am 8. Juli 1623. Ihm folgte am 6. August 1623 der Kardinal Maffeo Barberini als Urban VIII., der Galilei hoch verehrte, ja ihn in einem lateinischen Gedichte gefeiert hatte. Galilei hoffte, jetzt die Aufhebung des Beschlusses von 1616 durchsetzen zu können, und reiste zu diesem Zwecke im April 1624 nach Rom, wo man ihn sehr wohlwollend aufnahm, ohne daß es ihm gelang, sein Ziel zu erreichen. Er glaubte aber, nun endlich einen längst gehegten Plan ausführen zu sollen, nämlich die Lehre des Coppernicus in allgemeinverständlicher Dialogform darzustellen und so indirekt für sie tätig zu sein. Anfangs Mai 1630 ging er nach Rom, um das Werk der Zensur zu unterbreiten und zu ändern, was gewünscht werde, so daß es 1632 erscheinen konnte. Der Titel lautet (etwas gekürzt): „Dialogo di Galileo Galilei, dove nei congressi di quattro giornate si discorre sopra i due Massimi Sistemi del Mondo, Tolemaico e Copernicano, proponendo indeterminamente le ragioni filosofiche e naturali tanto per l'una quanto per l'altra parte".

An den vier Tagen des Werks unterhalten sich drei Personen über die beiden Weltsysteme. Zwei sind nach verstorbenen Freunden genannt: Giovan Francesco Sagredo und Filippo Salviati, der dritte nach dem bekannten Aristoteleskommentator: Simplicio. Es ist nicht ausgemacht, ob Galilei mit diesem allerdings fatalen Namen seinen Träger als Einfaltspinsel charakterisieren wollte, wie man das häufig lesen kann; er vertritt wohl das System des Ptolemäus, aber keineswegs einfältig. Sagredo erscheint als Laie, der Belehrung sucht, Salviati als Verteidiger der Lehre des Coppernicus. Der hypothetische Charakter der Schrift ist trefflich gewahrt. Salviati spricht sehr glänzend und überzeugend und vernichtet die Einwürfe des Simplicio, der aber schließlich doch scheinbar siegt. Allerdings hält der Leser den Salviati für den eigentlichen Sieger.

Galilei erhielt für das hochbedeutende Werk zahlreiche Dankesschreiben, was die Jesuiten Grassi und Scheiner zu besonderer Wut reizte. Es gelang ihnen, den Papst zu überzeugen, mit der Figur des Simplicio sei er gemeint und so vor aller Welt an den Pranger gestellt. Und siehe, nun „fand“ sich auch in den Prozeßakten von 1616 ein Schriftstück, nach dem es Galilei direkt verboten worden sei, über des Coppernicus Lehre überhaupt nur zu schreiben. Galilei bestritt dieses Verbot, sein Werk hatte ja ungehindert die Zensur passieren können. Das Protokoll war aber einmal da, man konnte also das Inquisitionsverfahren eröffnen.

Die Meinungen über die Echtheit dieses Schriftstücks sind sehr geteilt. Meistens hält man es für direkt gefälscht, d. h. nachträglich für das Inquisitionsverfahren angefertigt. Da es das einzige Dokument ist, das sich auf die Verwarnung durch Bellarmin bezieht, ist es schwer zu entscheiden. Mag es echt oder gefälscht sein, begründete Zweifel sind jedenfalls da, die auch auf sonstige Unsauberkeiten in diesem Prozeß schließen lassen.

Am 1. Oktober 1632 befahl man Galilei, sich in Rom vor dem Gericht des heiligen Offiziums einzufinden. Seine Lebenskraft war damals schon sehr geschwächt, er war sehr bettlägerig. Trotzdem erlaubte man ihm nicht, sich schriftlich zu verteidigen. Am 13. Februar 1633 kam er nach schweren Mühsalen in Rom an, am 12. April wurde er erstmalig von dem Generalkommissär des h. Offiziums verhört. Vom 12. bis 30. April und vom 21. bis 24. Juni war er im Inquisitionsgebäude in Haft. Der Tatbestand der Häresie wurde als erwiesen angesehen. Am Vormittag des 22. Juni 1633 wurde das Urteil in dem großen Saale des Dominikanerklosters Santa Maria sopra Minerva verkündigt. Nach Erledigung des Tatbestandes heißt es: „Wir verurteilen dich zu förmlicher Kerkerhaft in diesem h. Offizium für eine nach unserem Ermessen zu bestimmende Zeit, und legen dir als heilsame Buße auf, durch drei Jahre einmal in der Woche die sieben Bußpsalmen zu beten usw.“ Unmittelbar darauf mußte dann Galilei knieend seine Abschwörungsformel vorlesen: „Ich, Galileo Galilei, . . . schwöre ab, verfluche und verwünsche aufrichtigen Herzens und in ungeheucheltem Glauben meine Irrtümer und Ketzereien . . . ."

Man mag als Schuld Galileis ansehen, was man will, die Tatsache ist nicht abzuleugnen: man zwang Galilei, wissentlich einen Meineid zu leisten. Jeder weiteren Kritik enthalten wir uns.

Die Phantasie hat den Abschwörungsakt mannigfach ausgeschmückt. Diesbezügliche Gemälde sind ganz irrig und stützen sich auf Berichte, die ebenso abzuweisen sind wie jene Fabel, daß Galilei sich erhebend die trotzigen Worte gemurmelt habe: „E pur si muove!" (Und sie bewegt sich doch!)

Nach der Verurteilung wandelte der Papst die Gefängnisstrafe in Verbannung um. Galilei hatte dadurch verschiedene Aufenthaltsorte, seit dem Dezember 1633 in einer Villa zu Arcetri, eine Meile von Florenz. Im Januar 1637 stellte sich ein Augenleiden ein, so daß er sich schon im Juni fremder Hülfe beim Lesen und Schreiben bedienen mußte. Im Juli erblindete das rechte Auge, im Dezember erlosch das Augenlicht völlig: sein Blick, dem es vergönnt war, die herrlichen Wunder der Natur zuerst zu schauen, war für immer umnachtet. Der 73jährige Greis glich mehr einem Leichnam als einem lebenden Menschen. Nun endlich gestattete man ihm nach Florenz zurückzukehren. Er erhielt jedoch den strengen Befehl, „bei Strafe lebenslänglicher wirklicher Einkerkerung und Exkommunikation nicht in die Stadt auszugehen und mit keinem Menschen, wer es auch sei, über die verdammte Lehre von der doppelten Erdbewegung zu reden". 1638 erschien bei den Elzeviren zu Leiden das mechanische Hauptwerk Galileis, in dem er seine früheren, schon von uns behandelten Studien niederlegte. Der Titel lautet: „Discorsi e dimostrazioni matematiche intorno a due nuove scienze attenenti alla meccanica ed ai movimenti locali: Altrimenti dialoghi delle nuove scienze." Ende 1638 kehrte er, anscheinend auf päpstlichen Befehl, nach der Villa bei Arcetri zurück. Ein heftiger Gichtanfall warf ihn am 5. November 1641 auf das Krankenlager, von dem er sich nicht mehr erheben sollte. Seine beiden getreuen Schüler Viviani und

Torricelli pflegten ihn unermüdlich. Diese beiden, der Ortspfarrer und zwei Vertreter der heiligen Inquisition umstanden mit zwei Verwandten das Sterbelager, auf dem Galilei nach Empfang der Sterbesakramente, versehen mit dem Segen Urbans VIII., am 8. Januar 1642 friedlich verschied....

Welche Bedeutung Galilei für die Entwicklung unserer Wissenschaft hat und warum wir ihn als Begründer der neueren, ja der Physik überhaupt bezeichnen, wird erst deutlich erkannt werden können, wenn wir die Arbeiten in der Folgezeit mit dem vergleichen, was früher erreicht wurde. Wir wollen jedoch schon hier die Hinweise auf seine eigentliche Bedeutung vorwegnehmen.

Galilei gab der Physik vor allen Dingen die Experimentalmethode, die konsequent und zielbewußt darauf hinarbeitet, Gesetze aufzusuchen, aus denen man wieder eine Reihe von Einzelfällen erschließen kann. Man hatte, wie wir gesehen haben, wohl auch schon vor ihm experimentiert, aber nur gelegentlich und meist vom Zufall geleitet. Die früher vorwiegende reine Spekulation mußte die Naturforschung auf Abwege leiten. Galilei verknüpfte richtig spekulierende und experimentierende Tätigkeit, wie wir das besonders bei seinen mechanischen Arbeiten gesehen haben. So konnte er an manche Probleme herantreten und die befriedigende Lösung geben, wo sich seine Vorgänger vergeblich bemüht hatten. Man hatte zuviel Wert darauf gelegt, die letzten transzendentalen Ursachen der ganzen Erscheinungswelt zu ergründen, ein Vorhaben, das dem Menschen ewig unmöglich sein muß. Galilei wies jede solche Forschung aus der Physik hinaus, indem er die Tätigkeit des Naturforschers darauf beschränkte, die einzelnen Phänomene auf möglichst einfache, zusammenfassende Gesetze zurückzuführen und nach den letzten Ursachen nicht zu fragen.

Galileis Methode mußte ihn in den schärfsten Widerspruch mit den Lehren der Peripatetiker bringen, gegen die er mit beweiskräftigen Experimenten auftreten konnte. Um diese zu entkräften, mußten die Gegner selbst Versuche anstellen, so daß schließlich galileischer Geist auch in die Kreise eindrang, die sich ihm am hartnäckigsten verschließen wollten.

Galileis astronomische Arbeiten verhalfen auch der ursprünglich so mißachteten Lehre des Coppernicus zum Siege. Der forschende Blick wurde von der Erde in den unermeßlichen Weltenraum hinausgelenkt, man suchte und fand die kosmischen Gesetze, so daß sich in der folgenden Zeit eine besondere Physik des Universums entwickeln konnte, die den Menschengeist herrliche Triumphe feiern ließ.

## Galileis Zeitgenossen.

Dem großen Italiener kann Deutschland nur einen annähernd ebenbürtigen Zeitgenossen an die Seite stellen, der Galileis Werk in geeigneter Weise zu ergänzen vermochte und der Lehre des Coppernicus die noch fehlenden mathematischen Gesetze geben konnte: es ist Johannes Kepler (27. XII. 1571 bis 15. XI. 1630). Schon mit 25 Jahren veröffentlichte er eine Schrift über das neue Weltsystem, die auf zahlenmäßige Beziehungen in den Planetenbahnen hinwies. Der Titel dieses phantastischen Werks lautet (gekürzt): „Prodromus dissertationum cosmographicarum, continens mysterium cosmographicum". Kepler verknüpft darin die fünf regulären Körper der Pythagoreer in eigentümlicher Weise mit den fünf Zwischenräumen zwischen den sechs Planeten des Coppernicus. Die Frage nach dem Grunde, der Gott gerade zu diesem Weltsystem veranlaßt habe, beantwortet er dahin, „daß Gott der Herr nicht mehr als fünf reguläre Körper vorfand. Sobald Gott das Chaos geschaffen hatte, waren schon nicht mehr als fünf reguläre Körper möglich". Kepler meint, die den Kreisbahnen der Planeten entsprechenden Kugeln stehen mit jenen Körpern in folgender Beziehung:

„Die Erdbahn liefert den Kreis, der das Maß aller übrigen bildet; um denselben beschreibe ein Dodekaeder: der dieses umschließende Kreis ist der Mars; begrenze die Marssphäre mit einem Tetraeder, so ist der diesem umbeschriebene Kreis derjenige des Jupiter. Umschließe dessen Sphäre mit einem Würfel, so gehört der diesem umbeschriebene Kreis dem Saturn. Schließe in die Erdsphäre ein Ikosaeder ein, so gehört der diesem einbeschriebene Kreis der Venus. Schließe diesem ein Oktaeder ein, so gehört der Kreis in ihm dem Merkur. So erhältst du den Grund für die Anzahl der Planeten." Die Werte, die man aus dieser Ineinanderschachtelung der Körper für die Bahnen erhält, stimmen nur äußerst dürftig mit den wahren Verhältnissen überein.

Kepler schickte Exemplare der Schrift an alle bekannten Astronomen, z. B. auch an Tycho und Galilei. Jener lud ihn darauf zu sich nach Prag zur Beteiligung an seinen Beobachtungen ein; dieser freute sich, in Kepler „einen Genossen im Suchen der Wahrheit" gefunden zu haben, und schloß sich ihm zu herzlichem Freundschaftsbunde an.

Im Januar 1600 reiste Kepler zu Tycho und war dann seit Oktober bei ihm beschäftigt. Die nach Tychos Tode (24. X. 1601) ihm schließlich überlassenen Manuskripte dieses trefflichen Beobachters lieferten ihm das Material zu seinem nächsten astronomischen Hauptwerk (schon 1604 vollendet, aber erst 1609 gedruckt), das den Titel führt: „Astronomia nova seu physica coelestis etc." Es läßt erkennen, wie Kepler zu zwei seiner berühmten Planetengesetze kam. Er hatte vergeblich versucht, die Beobachtungen Tychos am Mars den von Coppernicus geforderten Kreisbahnen anzupassen. Gerade dieser Planet hatte in allen kosmischen Systemen große Schwierigkeiten bereitet. Kepler rechnete nun zunächst die geozentrischen Koordinaten in heliozentrische um. Durch

Aufzeichnen und Verbinden vieler Marsörter ergab sich ein Oval als Planetenbahn, das sich später als eine Ellipse herausstellte, in deren einem Brennpunkte sich die Sonne befand. Kepler konnte nun zeigen, daß dies Resultat nicht nur für den Mars allein, sondern auch für die anderen Planeten Geltung habe. Schon etwas früher hatte er auf spekulativem Wege das bekannte Fahrstrahlengesetz erreicht. Er folgerte es aus der Tatsache, daß sich der Mars im Perihel am schnellsten, im Aphel am langsamsten bewegte.

Mit solchen schönen Erfolgen noch nicht zufrieden, suchte Kepler noch nach einem allgemeineren Gesetze, in dem er alle Planetenbewegungen einschließen wollte. Bald drängten sich ihm Gedanken wie in seinem „Prodromus" auf, bald glaubte er zwischen den Aphel- und Periheldistanzen Zahlenverhältnisse gefunden zu haben, die mit den musikalischen Intervallen übereinstimmten. Am 8. März 1618 versuchte er einmal, die verschiedenen Potenzen der mittleren Bahnachsen und der Umlaufzeiten zu vergleichen. Vergeblich! Am 15. Mai entschloß er sich, die weitläufigen Rechnungen noch einmal aufzunehmen. Es gelang ihm, einen ärgerlichen Rechenfehler zu beseitigen: mit einem Schlage trat die gesuchte Beziehung klar vor Augen: die Quadrate der Umlaufszeiten zweier Planeten lieferten dasselbe Verhältnis wie die Kuben der (großen) Bahnachsen.

Diese wichtigen Untersuchungen hat Kepler in seinem zweiten astronomischen Hauptwerk (1619) niedergelegt, das den Titel führt: „Harmonices mundi libri quinque". Wie in den meisten seiner Schriften, dokumentiert sich auch hier der tief religiöse Geist Keplers. Wir lassen (etwas gekürzt) die Schlußworte folgen: „Ich danke dir, Schöpfer und Herr, daß du mir diese Freuden an deiner Schöpfung geschenkt hast. Ich habe deine herrlichen Werke den Menschen kundgetan, soweit mein endlicher Geist deine Unendlichkeit erfassen konnte. Vergib mir in Gnaden, wenn ich dabei meine eigene Ehre gesucht haben sollte. Daß meine Darlegungen das Heil der Seelen und deinen Ruhm fördern mögen, das gib, o Herr!"

Galilei hatte der Lehre des Coppernicus die physikalischen Beweise gegeben, Kepler hatte sie in präzise mathematische Gesetze eingekleidet. Jetzt erst konnte sie allgemein ihren Siegeszug antreten, nachdem auch noch

Kepler (1627) seinen „Rudolfinischen Tafeln" — benannt nach Kaiser Rudolf II., der diese Arbeit unterstützt hatte — erstmalig die neuen Gesetze der Planetenbewegung zugrunde gelegt hatte.

Neben den erwähnten Schriften über die Mechanik des Himmels veröffentlichte Kepler 1604 und 1611 zwei bedeutende Schriften über Optik (natürlich auch noch andere, uns hier nicht interessierende Arbeiten). 1604 gab er erstmals den wichtigen Satz, daß die Beleuchtungsstärke bei einem divergierenden Lichtbündel der Größe der beleuchteten Fläche und damit dem Quadrat des Abstandes von der Lichtquelle umgekehrt proportional ist.

Das von Kepler angegebene Lichtbrechungsgesetz ist nicht richtig, genügte aber doch zur Auffindung wichtiger Sätze über konvexe Linsen. In der optischen Schrift von 1611 findet er z. B. die Brennweite einer plankonvexen Linse gleich dem Krümmungsdurchmesser, diejenige einer symmetrisch-bikonvexen Linse aber gleich dem Krümmungsradius. Für einen Brechungsexponenten des Glases $n = 1{,}5$ trifft dies auch wirklich zu. Interessant ist die Betrachtung, welche Kepler zur Entdeckung der totalen Reflexion leitete: Wächst der Einfallswinkel von 0° bis 90°, so nimmt der Brechungswinkel beim Übergang von Luft nach Glas von 0° bis 42° zu. Trifft also ein Lichtstrahl aus dem Glase heraus die Trennungsebene so, daß er mit dem Einfallslote einen Winkel bildet, der größer als 42° ist, so kann er nicht in die Luft übertreten, sondern wird total reflektiert.

In der gleichen Schrift beschreibt Kepler auch ein Fernrohr mit zwei, und eines mit drei konvexen Linsen. Man hat das erste nach ihm benannt, er hat es aber niemals selbst konstruiert. Dies tat erst der früher erwähnte Gegner Galileis, der Jesuitenpater Christoph Scheiner (1575—1650), in den Jahren 1613 bis 1617. Unter dem Namen „Helioskop" benutzte er es zur objektiven Demonstration der Sonnenflecken. Er zog nämlich das Okular so weit heraus, daß es von dem durch das Objektiv erzeugten Sonnenbildchen ein großes reelles Bild lieferte, an dem sich die Flecken deutlich erkennen ließen. Scheiner erwähnt auch, daß man bei Verwendung von drei Sammellinsen ein Fernrohr erhält, das sich besonders für irdische Objekte eignet, weil es aufrechte Bilder gibt (sog. terrestrisches Fernrohr).

Auch die physiologische Optik verdankt Scheiner manche schätzenswerte Bereicherung. Es gelang ihm z. B., das von Kepler vermutete umgekehrte Bild eines geschauten Gegenstandes auf der Netzhaut dadurch zu demonstrieren, daß er an Ochsen- und Kalbsaugen (vielleicht auch an Menschenaugen 1625?) die undurchsichtigen Häute auf der Rückseite wegschnitt.

Er fand auch, daß die Pupille sich verengert, wenn man nähere Objekte betrachtet. Seine Erklärung der Akkommodation ist aber nicht einwandsfrei. Um zeigen zu können, daß durch die Akkommodation des Auges Strahlen, welche von einem Punkte ausgegangen sind, auf der Netzhaut vereinigt werden, während bei fehlerhafter Akkommodation das Bild vor oder hinter der Netzhaut entsteht, gibt Scheiner folgenden leicht ausführbaren Versuch: Man hält vor ein Auge ein Kartonblatt, das zwei feine Öffnungen besitzt, deren Abstand kleiner als 1 mm ist, und schaut gegen ein helles Fenster. Hält man nun zwischen Karton und Fenster eine feine Nadel senkrecht, so sieht man sie zunächst doppelt (weil die ins Auge eintretenden Strahlenbündel sich erst hinter der Netzhaut schneiden). Rückt man die Nadel weiter vom Auge weg, so nähern sich ihre beiden Bilder und fallen in eines zusammen, wenn sich die Nadel in derjenigen Entfernung vom Auge befindet, in welcher das Auge deutlich zu sehen beginnt.

Um zeigen zu können, daß sich Lichtstrahlen beim Durchgang durch eine feine Öffnung kreuzen, ohne sich gegenseitig zu beeinflussen, betrachtete Scheiner eine Kerzenflamme durch ein kleines Loch in einer Karte und schob dann zwischen Auge und Öffnung eine Messerklinge in die Höhe. Die Kerze verschwand dann zuerst mit der Spitze.

Wie unklar die optischen Vorstellungen jener Zeit teilweise noch waren, zeigt sich deutlich bei einem Ordensbruder

Scheiners, Marcus Antonius de Dominis, geboren 1566, gestorben 1624 in den Kerkern der Inquisition. Er hält (1611) noch an der aristotelischen Farbenlehre fest, die annimmt, farbiges Licht bestehe aus Weiß und Dunkelheit. Viel Weiß und wenig Dunkelheit gibt die hellste Farbe, das Rot; wenig weißes Licht und viel Dunkelheit die dunkelste Farbe, das Violett. Daraus erklärt er, daß beim Durchgang von Licht durch ein Prisma derjenige Lichtstrahl rot wird, der durch wenig Glas (näher an der Kante) geht, während derjenige violett wird, der viel Glas (am dickeren Teil) passieren muß. Der Regenbogen entsteht durch zweimalige Refraktion und einmalige Reflexion in Wassertropfen. Der Strahl, der zu unterst austritt, hat den kleinsten Weg im Tropfen, ist also rot usw. Das war wohl eine Erklärung, aber eine ganz unphysikalische, die sich darum auch leicht entkräften ließ.

Unsere Lehrbücher der Physik geben fast ausschließlich an, die richtige Theorie des Regenbogens oder besser gesagt die landläufige stamme von René Descartes (Cartesius, 30. März 1596 bis 11. Februar 1650), was aber nicht richtig ist, wie aus unseren früheren Darlegungen hervorgeht. Bei aller Achtung vor den sonstigen Verdiensten dieses genialen Mathematikers und Philosophen muß man die Physik als eine seiner schwachen Seiten ansehen. Er versucht, alle Erscheinungen auf drei Grundgesetze zurückzuführen. Das erste sagt aus, daß ein Körper in dem Zustand zu beharren sucht, den er gerade hat. Das zweite gibt als Bahn eines Körpers, auf den keine fremden Kräfte einwirken, die gerade Linie an. Das dritte bezieht sich auf den Stoß der Körper, ist aber teilweise falsch, ebenso die sieben daraus hergeleiteten Stoßgesetze. Am bekanntesten ist die Wirbeltheorie des Descartes, bei der drei Materien angenommen werden, deren kleinste Teilchen in andauernder Bewegung sind. Damit suchte er alle Erscheinungen zu erklären, und beseitigte jede auftretende Schwierigkeit fast stets durch geeignet erscheinende neue Hypothesen über Beschaffenheit und Form der Teilchen. Es ist merkwürdig, wie Descartes zu einer solchen Theorie kommen konnte, die der mathematischen Behandlung auch nicht im entferntesten zugänglich ist, während es doch sonst sein Bestreben war, die Mathematik auf die verschiedenen Wissenszweige anzuwenden; wir erinnern nur an seine analytische Geometrie, die für die Entwicklung der mathematischen Wissenschaft bald von fundamentaler Bedeutung geworden ist[1]).

Ob und wieweit Descartes bei seinen physikalischen Arbeiten selbständig war oder fremde Resultate mit benutzte, wissen wir nicht, da er nirgends Quellen anführt. So beschuldigt man ihn z. B. des Plagiats an der Auffindung des Brechungsgesetzes durch den gelehrten Holländer Willebrord Snellius (1591—1626).

Dieser fand nämlich, daß die Stücke des gebrochenen und des einfallenden Strahles, gerechnet vom Einfallspunkt bis zu irgend einer Parallelen zum Einfallslot, stets in demselben nur von den Substanzen abhängigen Verhältnis standen. Nach Snell ist also (Fig. 11)

$$\frac{PB}{PA} = n \text{ (konstant)}.$$

Nun ist

$$PB = PQ \cdot \operatorname{cosec}\beta$$

und

$$PA = PQ \cdot \operatorname{cosec}\varepsilon ,$$

also

$$\frac{PB}{PA} = \frac{PQ \cdot \operatorname{cosec}\beta}{PQ \cdot \operatorname{cosec}\varepsilon} = \frac{\operatorname{cosec}\beta}{\operatorname{cosec}\varepsilon} = n .$$

Snell fand somit die Konstanz des Verhältnisses der Kosekanten von Brechungs- und Einfallswinkel. Setzt man statt der von Coppernicus eingeführten Funktion „Cosecans“ die bequemere „Sinus“ nach der Relation

$$\operatorname{cosec}\alpha = \frac{1}{\sin\alpha} ,$$

so geht das Gesetz von Snell in die noch heute übliche Form über, in welcher es Descartes 1637 in seiner Dioptrik veröffentlichte:

$$\frac{\operatorname{cosec}\beta}{\operatorname{cosec}\varepsilon} = \frac{\sin\varepsilon}{\sin\beta} = n .$$

Ob Descartes Kenntnis von dem Snellschen Gesetze hatte, wissen wir nicht, jedenfalls gab er ihm die heutige Form. Viel-

[1]) Vergleiche Sammlung Göschen Nr. 226, S. 111 ff.

leicht haben auch beide Forscher es unabhängig voneinander aufgefunden.

Seine Untersuchungen über den Regenbogen stellte Descartes mit einer dünnwandigen Glaskugel voll Wasser an, die er an einer Schnur auf und ab bewegen konnte, wodurch im Sonnenlicht die einzelnen Regenbogenfarben entstanden. Er maß dann die Winkel zwischen dem einfallenden und dem

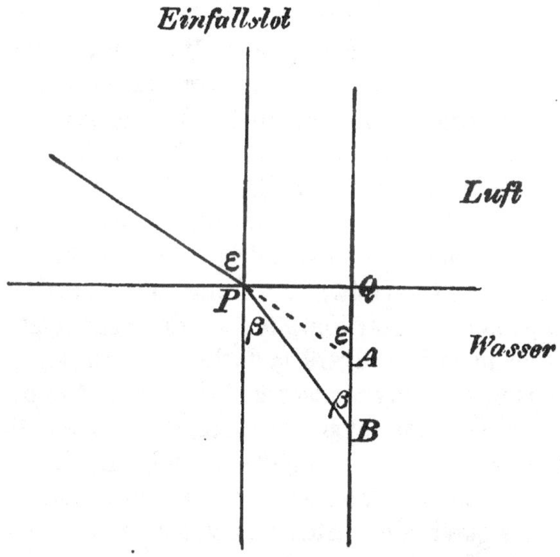


Fig. 11. Lichtbrechungsgesetz von Snellius.

ins Auge gelangenden Sonnenstrahl. Seine Resultate bieten im Vergleich zu früheren Arbeiten wenig Neues. Er stellte erstmalig mathematische Untersuchungen über den Radius von Haupt- und Nebenbogen an, die jedoch insofern ungenau sind, als sie sich auf einen weißen Bogen beziehen. Die Entstehung der Regenbogenfarben erklärte er aus verschieden schneller Rotation der unelastischen Teilchen seiner hypothetischen Lichtmaterie, die Haloerscheinungen an Sonne und

Mond durch Reflexion und Refraktion des Lichtes an Eisnadeln in hohen Schichten unserer Atmosphäre[1]).

Ein bekannter physikalischer Apparat, mit dem sich die Gesetze der Druckfortpflanzung in Flüssigkeiten usw. gut demonstrieren lassen, der sog. cartesianische Taucher rührt anscheinend nicht von Descartes, sondern von dem Italiener Raffaelle Magiotti de Montevarchi her.

## Galileis Schüler.

Die Vorlesungen des großen Italieners hatten zahlreiche Gelehrte aus allen Ländern herbeigezogen und ihnen eine Fülle wissenschaftlicher Kenntnisse fertig dargeboten oder Probleme angeregt, die noch der Lösung harrten. Wir finden daher die Physiker, die aus Galileis Schule hervorgegangen sind, vor allem mit der Ausgestaltung galileischer Ideen beschäftigt. Wir erwähnen zuerst Castelli (1577—1644), den innige Freundschaftsbande an den großen Meister knüpften — des bekannten Briefes wurde schon auf Seite 59 gedacht —. In seinen 1628 publizierten hydrodynamischen Arbeiten gibt er den wichtigen Satz an, daß sich bei einer stationären Strömung die Geschwindigkeiten umgekehrt wie die Querschnitte verhalten. Seiner falschen Behauptung, die Ausflußgeschwindigkeit einer Flüssigkeit aus einem Gefäße sei der Druckhöhe proportional, widersprach Evangelista Torricelli (15. X. 1608 bis 25. X. 1647), der seit 1628 sein Schüler war, indem er den Nachweis lieferte, daß die Gesetze für den Ausfluß der Flüssigkeiten dieselben sind wie für freien Fall oder Wurf. Die Ausflußgeschwindigkeit mußte daher der Quadratwurzel aus der Niveauhöhe proportional sein. Die Gestalt eines Wasserstrahls wurde als Parabel erkannt, die allerdings wie die

---

[1]) Vergleiche Sammlung Göschen Nr. 54, S. 121 ff.

Wurfkurve durch den Widerstand der Luft stark deformiert ist. Torricelli erklärte daraus die bekannte Erscheinung, daß ein Springbrunnen nicht die Höhe des Wasserspiegels im Behälter erreichen kann.

Seit Oktober 1641 war Torricelli durch die Empfehlung Castellis bei Galilei und pflegte diesen während seiner letzten Monate gemeinsam mit Vincenzio Viviani (1622 bis 1703), einem anderen Schüler des großen Meisters. Nach Galileis Tod wurde Torricelli sein Nachfolger im Amt, das er im Geiste des Verstorbenen trefflich weiterführte. Die schon einmal angeschnittene Frage, warum man mit einer Saugpumpe Wasser nur 18 Ellen hoch heben kann, griff Torricelli nochmals auf. Zur Prüfung schien ihm Quecksilber geeigneter zu sein als das fast 14mal so leichte Wasser. Viviani faßte den Gedanken auf und führte ihn ohne Torricelli aus. Er füllte eine zwei Ellen lange Glasröhre mit diesem Metall, schloß das freie Ende mit dem Finger und gab es erst unter Quecksilber wieder frei. Die Flüssigkeit im Rohre sank dann bis zu einer Höhe von 28 Zoll herab. Viviani teilte diesen Versuch Torricelli mit, nach dem wir ihn auch zu nennen pflegen, da der leitende Gedanke von ihm stammt (1643). Bei mehrmaliger Wiederholung und längerer Beobachtung ergab sich eine Veränderlichkeit in der Höhe der Quecksilbersäule. Die Annahme eines Abscheus der Natur vor einem leeren Raume konnte nicht zur Erklärung herangezogen werden, da es undenkbar erschien, daß ein solcher Abscheu bald größer, bald kleiner sein, ja überhaupt eine Grenze haben solle. Torricelli schrieb deshalb die Erscheinung einem Drucke der Luft zu. Er erkannte auch, daß nicht die Länge der Quecksilbersäule, sondern der senkrechte Abstand der beiden Quecksilberspiegel die Größe des Luftdrucks zu messen erlaubt. Neigte er nämlich das Glasrohr, so blieb die Quecksilberkuppe im Rohr in der gleichen Horizontalen, während die Flüssigkeitssäule doch länger wurde. Torricellis früher Tod hinderte ihn, noch augenfälligere Beweise für den Luftdruck zu ersinnen, wie dies später Otto von Guericke getan hat.

Der berühmte Mathematiker Blaise Pascal (1623 bis 62) erfuhr von dem Experimente Torricellis und bestätigte die Existenz des Luftdruckes durch geeignete Verbindung zweier Quecksilberbarometer. Er schloß, daß der Druck auf einem hohen Berge kleiner als in der Ebene sein müsse, hatte aber selbst keine Gelegenheit zu einem diesbezüglichen Versuche. Er wandte sich deshalb brieflich am 15. November 1647 an Périer in Clermont, den Gemahl seiner Schwester. Dieser bestieg am 19. September 1649 den Puy-de-Dôme mit einem Barometer. Es zeigte oben etwa 3 Zoll weniger als ein gleiches Instrument in dem Minoritenkloster am Fuße des 974 Meter hohen Berges. Das Experiment wurde noch an anderen Orten, auch durch Pascal selbst, angestellt, der daran die Vermutung knüpfte, man müsse offenbar durch solche Versuche die Höhe von Bergen bestimmen können. Tatsächlich gelang dies später, nachdem die diesbezüglichen Gesetze aufgefunden waren.

Von Pascal wurde auch erstmals der Satz von der gleichmäßigen Druckfortpflanzung in einer Flüssigkeit ausgesprochen; er sieht jede unter Druck in ein Gefäß eingeschlossene Flüssigkeit als Maschine an, auf die man das Prinzip der virtuellen Geschwindigkeiten anwenden kann. Er vergleicht z. B. ein mit Wasser gefülltes Gefäß, das zwei Kolben von verschiedenem Querschnitt besitzt, mit einem zweiarmigen Hebel. Diese Vorrichtung bildet bekanntlich das Prinzip der sog. hydraulischen Presse, die aber wesentlich jünger ist. Sie wurde durch den englischen Ingenieur Brahma (1749—1814) gegen das Ende des 18. Jahrhunderts konstruiert (Patent März 1796).

Der aus der Geschichte der Mathematik bekannte Schüler Galileis, Bonaventura Cavalieri (1598—1647), gab 1647 für die Vereinigungsweite paralleler Lichtstrahlen durch eine Linse (d. h. die Brennweite) folgende Regel: „In allen bikonvexen und bikonkaven Linsen verhält sich die Summe der Radien der Begrenzungsflächen zu dem Radius derjenigen Linsenfläche, welche die Parallelstrahlen auffängt, wie der doppelte Radius der andern Fläche zu der Vereinigungsweite der parallelen Strahlen. Statt ‚Summe‘ ist ‚Differenz‘ zu setzen, wenn die eine Fläche konvex, die andere konkav ist.“ Für den Brechungsindex Luft → Glas $n = 1{,}5$ geht dies etwas umständliche Gesetz aus der bekannten Formel

$$\frac{1}{f} = (n-1)\left(\frac{1}{r_1} \pm \frac{1}{r_2}\right)$$

hervor.

Die Eigenschaft gewisser Körper, nach kurzer Besonnung nachzuleuchten, scheint Galilei schon 1612 bekannt gewesen zu sein. Sie soll durch den Schuhmacher Cascariolo entdeckt worden sein, als er Schwerspat aus der Umgegend von Bologna alchimistisch verarbeitete („Bononischer Stein“). Einen ähnlichen „Lichtträger“ oder „Phosphor“ fand der Alchimie treibende Amtmann Balduin (1632—82) im Jahre 1675 („Balduinscher Phosphor“). Ähnliche Stoffe fanden auch der Advokat Homberg (1652—1715) 1712 und der Physiker Dufay (1698—1739) im Jahre 1724. Der Bononische Stein erregte natürlich viel Aufsehen, besonders bei so phantastisch veranlagten Naturen, wie es der Jesuit Athanasius Kircher (1601—1680) war. Er hatte erstmals die sog. Nachbilder beobachtet und die Meinung vertreten, das Auge verhalte sich dabei wie ein Bononischer Stein.

Es gibt wohl kaum ein Gebiet, auf dem Kircher nicht schriftstellerisch tätig war; von selbständigen brauchbaren Untersuchungen ist daher bei ihm nur selten die Rede, wohl aber erwähnt er mancherlei erstmalig, das ihm bekannt, wenn auch nicht von ihm entdeckt war. So beschreibt er z. B. 1646 die erste Fluoreszenzerscheinung am sog. „Nierenholz“, dessen wässeriger Aufguß in durchgehendem Lichte goldgelb, in auffallendem blau aussieht.

In einer akustischen Arbeit gedenkt Kircher des Sprachrohres, das aber nicht von ihm, wie Physikbücher gern behaupten, sondern von Sir Samuel Moreland (1625—95) im Jahre 1670 erst aus Glas, später dann auch in trompetenähnlicher Gestalt aus Kupfer hergestellt wurde.

Vom Magnetismus hatte Kircher zum Teil ganz seltsame Ansichten. Er behauptet z. B., ein Magnet werde stärker, wenn man ihn zwischen getrocknete Blätter von Isatis silvatica lege. Er schlägt vor, die Stärke eines Magneten durch das Gewicht zu bestimmen, das erforderlich ist, um ihn von einem Eisenstück loszureißen. Kirchers Ordensbruder Niccolo Cabeo (1585—1650) macht 1639 die gute Bemerkung, ein Magnet könne wohl zwei Pfund Eisen, nicht aber ein Pfund Eisen und ein Pfund Blei zusammen tragen. Er führt auch an, daß zwei Magnete sich in ihrer Wirkung auf Eisen verstärken oder abschwächen können, je nachdem man sie zusammenbringt.

Im übrigen machte dieses Gebiet der Physik in jener Zeit nur geringe Fortschritte. Der Astronom Henry Gellibrand (1597—1637) konnte 1634 nachweisen, daß die magnetische Deklination nicht nur auf der Erdoberfläche überhaupt, sondern sogar am gleichen Orte ihre Größe wechselt und deshalb keineswegs, wie man gehofft hatte, zur Bestimmung der geographischen Länge benutzt werden kann.

Auf dem bis dahin recht vernachlässigten Gebiete der Akustik betätigte sich zunächst der Jesuit Mersenne (1588 bis 1648), indem er an die Behauptung Galileis anknüpfte, die Höhe eines Tones hänge nur von der Zahl der Schwingungen ab, die der tönende Körper in einer bestimmten Zeit mache, so daß man sich bei akustischen Untersuchungen der physikalisch meßbaren Schwingungszahl statt der physiologisch wahrnehmbaren Tonhöhe mit Vorteil bedienen könne. Mersenne gab zuerst die genaueren Gesetze für die Schwingungszahl von Saiten. Er fand: „Die Schwingungszahl einer Saite ist unter sonst gleichen Umständen 1. der Länge indirekt proportional, 2. der Quadratwurzel aus dem spannenden Gewichte direkt proportional, 3. der Quadratwurzel aus der Dicke indirekt proportional.“ Der letzte Teil ist unrichtig; es müßte heißen: „der Dicke indirekt proportional“.

Mersenne schlug einen Normalton für die Musik vor, fand aber keine Anhänger. Beim Anzupfen einer Saite hörte er, daß eine andere, auf den gleichen Ton gestimmte mittönte. Er beachtete jedoch diese Resonanzerscheinung ebensowenig weiter als die Obertöne, die er neben dem Grundton einer Saite noch wahrnahm. Er ersann auch ein akustisches Hygroskop, bei dem eine Darmsaite auf einen passenden Ton gestimmt war, der bei feuchter bzw. trockener Luft höher bzw. tiefer wurde. Die Schallgeschwindigkeit bestimmte er nach der von Baco von Verulam (1561—1626) vorgeschlagenen Methode, bei der die Zeit zwischen Lichtblitz und Knall einer in bekannter Entfernung stehenden Kanone gemessen wird. Er erhielt 1380 Pariser Fuß als Weg des Schalles in einer Sekunde.

Der gleichen Methode bediente sich Pierre Gassendi (1592—1655). Mit der Tatsache, daß der Knall einer Kanone und einer Flinte dieselbe Geschwindigkeit von $1473 \frac{\text{Fuß}}{\text{Sekunde}}$ hatte, konnte er den Grundsatz der Peripatetiker umstürzen, daß tiefe Töne sich langsamer fortpflanzen als hohe.

Gassendi glückte es auch, den von den Gegnern der coppernicanischen Lehre erhobenen Vorwurf, bei einer Rotation der Erde müsse ein freifallender Körper eine westliche Abweichung von der Vertikalen zeigen, endgültig zu widerlegen (1649). Auf einer schnellfahrenden Galeere im Hafen zu Marseille ließ er Steine aus dem Mastkorb fallen. Sie blieben durchaus parallel zu dem Maste und zeigten keineswegs eine Abweichung gegen das hintere Ende des Schiffes. Gassendi erklärte den Vorgang richtig aus dem Beharrungsgesetz mit dem Hinweis, daß ja auch ein Reiter einen emporgeworfenen Gegenstand mit Leichtigkeit auffangen könne. Wegen seines geistlichen Amtes (Propst) konnte sich Gassendi nicht der Lehre des Coppernicus anschließen. Er begnügte sich damit, alle vorgebrachten Einwände gegen das System so gut als möglich zu entkräften.

Nicht alle bis jetzt besprochenen Forscher sind eigentliche Schüler Galileis gewesen, haben aber doch mehr oder weniger in seinem Geiste die Wissenschaft gefördert. Reiche Erfolge auf experimentellem Gebiete erzielte die „Accademia del Cimento“ (Akademie des Versuchs), die am 19. Juni 1657 zu Florenz unter den Auspizien des Großherzogs Ferdinand II. von Toskana (1610 bis 70) und seines Bruders Leopoldo de' Medici (1617 bis 75) gegründet wurde. Sie bestand aus neun Mitgliedern, die es sich zur Aufgabe gemacht hatten, durch gemeinsames Experimentieren die physikalische Wissenschaft weiter auszubauen. „Provando e riprovando“ (Versuchen und nochmals versuchen!) war ihr Wahlspruch, den sie getreulich befolgten. Wir kennen zwar von einzelnen Mitgliedern besondere Arbeiten, sonst sind die Ergebnisse ohne Namensnennung niedergeschrieben in dem Werke: „Saggi di naturali esperienze fatte nell' Accademia del Cimento. Firenze 1667“ (= Naturwissenschaftliche Versuche der A. d. C.).

Eine große Reihe ihrer Untersuchungen bezieht sich auf das Vakuum in der Torricellischen Röhre. Man beobachtete, daß eine luftgefüllte Blase sich darin ausdehnte, daß die Kugelgestalt der Tropfen, die kapillare Steighöhe der Flüssigkeiten usw. sich im Vakuum ebensowenig änderte wie die magnetische Wirkung oder die Entstehung der Linsenbilder. Ihre Versuche über Schall und Elektrizität im Vakuum blieben ergebnislos. Das Barometer erklären die Akademiker aus dem Gewicht von Luft und Quecksilber nach dem Gesetze der kommunizierenden Gefäße.

Auf die Behauptung Galileis im zweiten Tage des Dialogs, ein horizontal geworfener Körper erreiche in der gleichen Zeit den Boden wie ein freifallender, bezog sich folgender Versuch: Von einem 50 Ellen hohen am Meere stehenden Turme des alten Forts zu Livorno schoß man Kugeln horizontal ab und bestimmte die Zeit bis zum Aufschlagen im Wasser. In derselben Zeit fielen die Kugeln auch frei die gleiche Höhe herab.

Daß ein Körper in einer spezifisch schweren Flüssigkeit nur dann schwimmen kann, wenn sie auch einen Druck von unten nach oben ausüben kann, wies man dadurch nach, daß man in eine Holzbüchse mit völlig ebenem Boden einen unten ebenen Holzzylinder setzte und nun vorsichtig Quecksilber einschüttete. Der Zylinder stieg dann nicht in die Höhe. Ähnlich stellte man den Versuch auch mit einer Elfenbeinkugel in halbkugeliger Elfenbeinschale an.

Die Frage nach der Zusammendrückbarkeit der Flüssigkeit wurde verneint, als man bemerkte, daß aus einer mit Wasser gefüllten und verschraubten Silberkugel das Wasser durch die Poren herausdrang, wenn man die Kugel kräftig hämmerte.

Bei den Thermometern der Akademie wurde die Ausdehnung des Weingeistes benutzt. Ob ihr Instrument aus dem des französischen Arztes Rey († 1645) hervorgegangen ist, der eine Wasserfüllung verwendete, oder ob es wirklich, wie angegeben wird, von dem Großherzog Ferdinand II. ersonnen ist, kann nicht ermittelt werden.

Der letzte Versuch im vierten Abschnitt der Saggi gibt den ersten Beweis für strahlende Wärme und ihre Reflexion. Vor einem Hohlspiegel lag ein Eisblock von 500 Pfund Gewicht. Brachte man dann in den Brennpunkt des Spiegels ein Thermometer, so fing es sofort an zu sinken; dies trat aber nicht ein, wenn man einen Schirm zwischen Spiegel und Thermometer hielt. Die Nähe des Eisblocks am Thermometer konnte also nicht die Ursache des Sinkens sein.

Ein unten verschlossenes Metallrohr wurde vollständig mit Wasser gefüllt, das man gefrieren ließ. Das Eis nahm nun einen größeren Raum ein, d. h. ein kleiner Eiszylinder schob sich aus dem Rohre heraus, der dann entfernt wurde. Das übrige Eis wog um $\frac{1}{9}$ weniger als die ursprüngliche Wasserfüllung. Das spezifische Gewicht des Eises war also $\frac{8}{9}$ (tatsächlich 0,9167), woraus sich das Schwimmen von Eis auf Wasser erklärte. Die Gewalt des Wassers beim Gefrieren zeigten sie mit dem noch heute üblichen Experiment durch das Sprengen dickwandiger mit Wasser gefüllter Metallgefäße, die sie in Kältemischungen (wohl hier erstmalig gebraucht) einlegten.

Zu unserem Ausdruck „Wärmekapazität“ gelangten sie durch die Beobachtung, daß durch gleiche Mengen gleichwarmer, aber verschiedener Flüssigkeiten, z. B. Quecksilber und Wasser, nicht die gleiche Eismenge geschmolzen wird. Bei den sog. Eiskalorimetern wird bekanntlich diese Tatsache zur Ermittlung spezifischer Wärmen benutzt.

Als man einst ein Gefäß mit Eisstückchen, in denen ein Thermometer steckte, in siedendes Wasser tauchte, wurde keine Temperaturänderung am Thermometer bemerkt. Man stand vor einem unlösbaren Rätsel. Die wichtige Konstanz des Schmelzpunktes, die den Akademikern für eine Thermometerskala so gut zustatten gekommen wäre, entging ihnen dabei, ebenso der später von Black eingeführte Begriff der „latenten Wärme“.

Bei dem Hygrometer der Akademie, das auch von Großherzog Ferdinand II. stammen soll, wurde die atmosphärische Feuchtigkeit durch einen Behälter mit Eis kondensiert. Die Menge des niedergeschlagenen Wassers wurde in einem untergestellten Maßgefäße ermittelt. Man hat es also hier mit dem ersten, wenn auch noch primitiven Kondensationshygrometer zu tun.

Die Schallgeschwindigkeit erhielten sie auf dem gleichen Wege wie Gassendi und Mersenne, aber zu 1111 $\frac{\text{Fuß}}{\text{Sekunde}}$. Die Zeit wurde dabei durch ein Bifilarpendel gemessen, dessen Länge reguliert werden konnte. Dieser im elften Abschnitt der Saggi dargestellten Methode ist diejenige ähnlich, die nach einem Vorschlage Galileis zur Bestimmung der Lichtgeschwindigkeit benutzt wurde, wie aus dem dreizehnten Abschnitt zu ersehen ist. Auf zwei Punkten von einer Miglie Entfernung befanden sich zwei Beobachter mit gut sichtbaren Lichtquellen. Der erste Beobachter sollte sein Licht verdecken und ebenso der zweite, wenn er das erste Licht verschwinden sieht. Der erste Beobachter sieht dann das zweite Licht verschwinden und mißt die seit Beginn bis hierher verflossene Zeit, in der das Licht also zwei Miglien zurückgelegt hat. Bei der großen Lichtgeschwindigkeit mußte diese Methode natürlich ein negatives Resultat liefern.

Es mag gleich hier vorweggenommen werden, daß die erste Bestimmung dieser Größe im Jahre 1675 dem dänischen Astronomen Olaf Römer (1644—1710) gelang. Er fand, daß die Verfinsterung eines Jupitermondes bei der Konjunktion des Planeten mit der Sonne um 1000 Sekunden nach dem Zeitpunkte eintrat, den man durch Vorausberechnung seit der Opposition gefunden hatte. Da die Entfernung des Jupiters von der Erde bei der Konjunktion um den Durchmesser der Erdbahn, also 40 Millionen Meilen, größer ist als bei der Opposition, so muß bei der Annahme, das Licht brauche zu seiner Fortpflanzung Zeit, der Weg des Lichts in 1000 Sekunden 40 Millionen Meilen sein, woraus eine Lichtgeschwindigkeit von $40000 \frac{\text{Meilen}}{\text{Sekunde}}$ folgt.

Unter den einzelnen Mitgliedern der Accademia del Cimento ragt besonders Borelli (1608—80) mit eigenen Arbeiten hervor, unter denen wir zunächst die 1670 veröffentlichten über Kapillarität erwähnen. Borelli führt z. B. an, daß das Wasser in einem Haarröhrchen eine bestimmte Steighöhe erreicht, die der Röhrenweite umgekehrt proportional ist. In einem aus dem Wasser herausgehobenen Kapillarröhrchen bleibt eine Flüssigkeitssäule hängen, deren Länge gleich der Steighöhe ist. Der Korrespondent der Akademie, Honoré Fabri (1606 bis 88), wußte auch, daß das Wasser niemals oben aus einer Kapillarröhre hinauslaufen kann, selbst dann nicht, wenn man die Rohrlänge kleiner als die Steighöhe macht; er vertrat aber auch die falschen, durch Borelli widerlegten Ansichten, die Kapillarerscheinungen seien durch den Luftdruck bedingt und die Steighöhe sei der Röhrenlänge proportional. Borelli gründete seine Theorie der Kapillarität auf die Hebelgesetze und war damit ebenso im Irrtume wie Isaak Voß (1618—89), der die Viskosität zur Erklärung herbeizog (in einer Schrift, in der er erstmals die Kapillardepression des Quecksilbers erwähnt). Borelli entdeckte auch, daß zwei Holztäfelchen auf Wasser sich einander nähern, ebenso zwei Metallbleche, während ein Holztäfelchen und ein Metallblech sich gegenseitig abstoßen. Borelli merkte, daß er hier seine Hebeltheorie nicht brauchen könne, gab aber keine andere. Ein zweites Hauptwerk Borellis enthält das, was unsere Physikbücher über Stehen, Gehen, Laufen usw. mitzuteilen pflegen, sowie die Erkenntnis, daß unsere Arme und Beine einarmige (sog. „Wurf"-)Hebel sind.

Der obenerwähnte Fabri gibt folgenden interessanten Versuch mit der richtigen Erklärung. Schaut man durch ein Loch in einem Kartenblatt gegen eine entfernte Lichtquelle und bringt man dann eine Stecknadel (mit dem Kopfe) zwischen Auge und Kartenblatt, so erblickt man ein umgekehrtes und vergrößertes Bild des Stecknadelkopfes.

Es erübrigt noch, der Schicksale der Accademia del Cimento zu gedenken. Ferdinand II. und Leopold von Medici waren wohl eifrige Förderer der Künste und Wissenschaften, aber noch um so eifrigere Anhänger Roms. Ferdinand II. war schon 1632 nicht imstande gewesen, Galilei gegen die römischen Dunkelmänner zu schützen, sein Bruder opferte einem Kardinalshute die ganze Akademie. Es war ihm nahe gelegt worden, ein Kardinal könne doch unmöglich an der Spitze einer gelehrten Gesellschaft stehen, die im Geiste jenes unangenehmen Galilei arbeite. Das leuchtete natürlich den beiden Fürsten ein, sie lösten 1667 die Akademie nach zehnjährigem Bestehen auf. Zum Danke erhielt Leopoldo de' Medici den versprochenen Kardinalshut. Die römische Intoleranz hatte gesiegt!

## Otto von Guericke.

Deutschland weist im siebzehnten Jahrhundert wohl durch den Einfluß des furchtbaren Dreißigjährigen Krieges nur zwei bedeutende Forscher auf dem Gebiete der exakten Naturwissenschaften auf, Johannes Kepler und Otto von Guericke. Jener hinterließ uns die herrlichen Früchte mathematischer Studien, dieser vermittelte uns die Kenntnis einer großen Klasse von Erscheinungen durch rein experimentelle Untersuchungen.

Was Otto von Guericke (20. XI. 1602 bis 17. V. 1686; seit 1646 vierter Bürgermeister von Magdeburg) geleistet hat, ist um so verdienstvoller, als er in jener wilden, sturmbewegten Zeit, mitten im Getriebe der Politik stehend für das Wohl seiner Vaterstadt Magdeburg unermüdlich und erfolgreich tätig war und nur unter den allererschwerendsten Umständen sich der Wissenschaft widmen konnte. Er beschäftigte sich wohl zunächst mit philosophischen Spekulationen über die Existenzmöglichkeit eines leeren Raumes. Diese Frage war schon seit Aristoteles viel umstritten, doch hatte man sie verneint, da man „Körper“ und „Raum“ für zwei identische Begriffe hielt und demnach „eine Ausdehnung ohne Substanz, d. h. einen leeren Raum“ für unmöglich halten mußte. Guericke, dem Torricellis Versuch nicht bekannt war, erkannte richtig, daß bei solchen Fragen niemals durch philosophische Spekulationen, sondern ausschließlich durch die aus Experimenten zu gewinnende Erfahrung eine entscheidende Antwort gegeben werden könne. In seinem 1663 vollendeten, aber erst 1672 zu Amsterdam erschienenen Hauptwerke „Experimenta nova (ut vocantur) Magdeburgica de vacuo spatio“ vertritt er diese Ansicht mit allem Nachdruck.

An einer Stelle im Vorwort findet sich der Satz: „Bei naturwissenschaftlichen Fragen hat es gar keinen Wert, schön reden und gut disputieren zu können.“ Bei anderer Gelegenheit heißt es: „Die nur an ihren Meinungen und Gründen festhaltenden Philosophen können, da sie die Erfahrung nicht berücksichtigen, niemals sichere und richtige Schlüsse bei Erscheinungen in der Natur erhalten; der menschliche Verstand entfernt sich, wie man sehen kann, bei Nichtbeachtung der durch die Erfahrung zu gewinnenden Ergebnisse oft weiter von der Wahrheit, als unsere Erde von der Sonne. Wo man Tatsachen reden lassen kann, braucht man keine gekünstelten Hypothesen; wem jedoch handgreifliche und offensichtliche Erfahrungen nicht beweiskräftig genug sind, mit dem wollen wir uns nicht herumstreiten: er soll bei seiner vorgefaßten

Meinung bleiben und wie die Maulwürfe in der Dunkelheit herumwühlen."

Mit Guerickes Erlaubnis sind seine Versuche schon vor dem Erscheinen obiger Schrift durch den Professor Kaspar Schott in Würzburg (1608—66) in seinen Werken „Mechanica hydraulico-pneumatica" (1657) und „Technica curiosa" (1664) veröffentlicht worden. Wir halten uns jedoch an das Buch Guerickes, da es ein so reiches Material über seine Arbeiten darbietet, daß man, wie selten bei einem Physiker, einen vollen Einblick in den Entwicklungsgang der mit peinlichster Sorgfalt und erschöpfender Ausführlichkeit angestellten Experimente gewinnt. Die Versuche über den leeren Raum sind in dem dritten der sieben Bücher des Werkes dargestellt.

Guericke versuchte zunächst, ein mit Wasser gefülltes Faß mittelst einer dicht schließenden Messingspritze leer zu pumpen. Das Wasser konnte zwar herausgeschafft werden, aber gleichzeitig drang durch die Poren des Holzes Luft in das Faßinnere, wobei man ein Geräusch „wie von kochendem Wasser" hörte. Guericke wiederholte nun den Versuch, indem er das Faß in ein größeres stellte, das auch Wasser enthielt. Als man am Abend mit dem Auspumpen aufhörte, vernahm man ein Geräusch, „ähnlich dem eines leise zwitschernden Singvogels", das drei Tage anhielt. Als sich zeigte, daß das kleinere Faß wieder Luft und Wasser enthielt, nahm Guericke von der Benutzung eines Holzgefäßes Abstand und wiederholte sein erstes Experiment mit einer Kupferkugel. Anfangs ging alles ganz gut, bald aber konnten zwei Männer nur noch mit großer Anstrengung den Pumpenstempel herausziehen. Man glaubte schon fast mit der Entleerung fertig zu sein, da wurde die Kugel plötzlich zu aller Schrecken mit lautem Knall so zerdrückt, „wie man ein Tuch in der Hand zusammenknittert". Bei Benutzung besserer Kugeln gelang wirklich die Erzeugung eines leeren Raumes, auch ohne die ursprüngliche Füllung mit Wasser. Guericke wußte zunächst noch nicht, daß die Luft elastisch sei, und brachte deshalb bei seinen ersten Experimenten stets die Pumpe am unteren

Ende des zu entleerenden Gefäßes an, damit die Luft in den Pumpenstiefel „hineinfallen“ könne. Wir wissen leider nicht, in welchem Jahre es Guericke erstmals gelang, mit seiner Pumpe ein Gefäß luftleer zu machen.

Öffnete man eine ausgepumpte Kugel, so drang die Luft von außen so heftig in das Innere, daß einem der Atem benommen wurde, wenn man mit dem Gesicht in die Nähe kam. Öffnete man den leeren Behälter unter Wasser, so füllte er sich damit bis auf eine kleine Blase an.

An dem Hahn einer evakuierten Glaskugel wurde ein luftgefülltes Gefäß befestigt. Öffnete man den Hahn, so drang die Luft mit so großer Gewalt in den leeren Behälter, daß sogar kleine Haselnüsse und Steinchen lebhaft dadurch herumgetrieben wurden. Guericke beobachtete dabei gleichzeitig die Bildung von Wolken und Nebel in der Glaskugel, sowie das Auftreten der „Regenbogenfarben“, wenn die Sonne dabei auf das Gefäß schien.

Guericke folgerte aus dem Einströmen der Luft in das leere Gefäß richtig, daß die Luft elastisch sein müsse, behielt aber doch noch die schon erwähnte Anordnung des Pumpenstiefels bei.

Verband er einen entleerten Behälter mit einer dünnwandigen prismatischen Glasflasche, so wurde diese mit heftigem Knall in viele kleine Splitter zerdrückt, sobald man den Verbindungshahn öffnete. Wir pflegen heute den Versuch so zu demonstrieren, daß wir eine Membran oder Glasplatte auf einem Metallring zersprengen. Guericke erklärt die Erscheinung durch die Annahme eines Druckes der atmosphärischen Luft. Wir werden im weiteren Verlauf erkennen, daß er darüber ganz klare Anschauungen hatte. Es gelang ihm sogar, seine Größe zu messen. Er stellte nämlich einst das untere Ende eines Glasrohres in einen Zuber mit Wasser und verband das obere Ende mit einem entleerten Behälter. Beim Öffnen des Verbindungshahns stieg dann das Wasser mit großer Gewalt in der Röhre empor und füllte den Behälter fast völlig an. Als Guericke nun von seinen Freunden einstens gefragt wurde, wie hoch wohl das Wasser bei diesem Versuche überhaupt steigen könne, fügte er mehrere Röhren aneinander und bemerkte dann, daß sich das Wasser durch den luftleeren Behälter wohl bis zum dritten, aber nicht bis zum vierten Stockwerk eines Hauses heben lasse, d. h. bis zu einer

Höhe von 19 Magdeburger Ellen. Daraus erhielt er dann nach dem noch heute üblichen Rechnungsverfahren die Größe des Atmosphärendruckes, allerdings ziemlich ungenau.

Im Anschluß an dieses Experiment konstruierte Guericke ein aus mehreren ineinander steckenden Rohrstücken bestehendes Wasserbarometer, auf dessen oberer Flüssigkeitskuppe eine aus Holz geschnitzte Figur schwamm, die an einer Skala die Ab- und Zunahme des Luftdrucks anzeigte. Guericke hatte nämlich beobachtet, daß das Wasser in der Röhre stets auf und ab schwankte (ohne jedoch darin eine Periode zu erkennen). Wegen dieser Veränderlichkeit nannte er sein Instrument „Semper vivum“ oder auch „Perpetuum mobile“. Dieser letzte Name wird in der späteren Zeit bekanntlich für einen nur in der Einbildungskraft gewisser Leute existierenden Apparat gebraucht.

Am 9. Dezember 1660 sagte Guericke aus dem außergewöhnlich tiefen Stande seines „Wettermännchens“ einen Sturm voraus, der auch wirklich nach zwei Stunden losbrach und großen Schaden in Magdeburg und der Umgebung anrichtete.

Man ist leider nicht darüber unterrichtet, ob Guericke bei der Konstruktion dieses Instruments den Versuch des Torricelli kannte. Er erzählt selbst, daß er von diesem erst auf dem Regensburger Reichstage Kenntnis erhielt, wo ihn der Kapuzinerpater Valerianus Magnus (anscheinend als eigenes Experiment) vorführte. Da Guericke nichts weiter davon berichtet und in seiner Schrift nur selten Jahreszahlen anführt, bleibt die Frage offen.

Um die Veränderlichkeit des Luftdrucks noch weiter zu demonstrieren, hängte Guericke an das eine Ende eines Wagbalkens eine luftleere Kugel von einem Fuß Durchmesser und an das andere Ende ein kleines, viel weniger Luft verdrängendes Gegengewicht. Die Kugel hob oder senkte sich, wenn der Luftdruck zu- oder abnahm. Wir verwenden bei der Luftpumpe bekanntlich einen ganz ähnlichen Apparat.

Seine völlig richtigen Anschauungen über die Druckverhältnisse in der Atmosphäre prüfte er mit folgendem Experiment. Man kann, so gibt er an, leicht zeigen, daß auf höher gelegenen Plätzen die Luft schwächer drückt als auf tiefer liegenden. Verschließt man nämlich eine luftgefüllte Flasche in der Ebene und bringt sie auf einen Turm oder Berg, so entweicht dort beim Öffnen des Hahns ein wenig Luft nach außen. Schließt man nun wieder die Flasche und bringt sie nach der Ebene zurück, so strömt beim Öffnen des Hahns Luft nach innen. Man muß aber darauf achten, daß die Temperatur oben und unten möglichst dieselbe ist, sonst mißlingt das Experiment. Als er den Versuch von Périer und Pascal am Brocken wiederholen wollte, zerbrach leider das Instrument durch die Ungeschicklichkeit eines stolpernden Dieners. Der Versuch wurde dann auch später nicht angestellt.

Unter allen Experimenten Guerickes ist unstreitig keines so populär geworden als das mit den „Magdeburger Halbkugeln". Zwei halbe Kupferkugeln, deren Durchmesser 0,67 magdeburgische Ellen betrug, konnten luftdicht aufeinandergesetzt werden. Pumpte man dann die Luft aus dem Innenraum heraus, so preßte die Atmosphäre die beiden Halbkugeln so fest aneinander, daß es der Kraft von 16 Pferden nicht gelang, die beiden Hälften zu trennen. Bei einer größeren Kugel von 0,95 magdeburgischen Ellen Durchmesser gelang es sogar 24 Pferden noch nicht.

Besonders dieser Versuch erregte das berechtigte Staunen der auf dem Reichstage zu Regensburg (1654) versammelten Fürsten und Herren, denen Guericke in Gegenwart des Kaisers Ferdinand III. die Luftpumpe und Experimente mit ihr vorführte. Johann Philipp, der Bischof von Würzburg und Erzbischof von Mainz, ließ die Versuche durch Kaspar Schott wiederholen, der sie dann auch, wie bereits erwähnt, in seinen beiden Werken mit Guerickes Erlaubnis beschrieb.

In der Vorrede zu seiner „Technica curiosa" sagt Schott von den „magdeburgischen Versuchen": „Ich stehe nicht an, aufrichtig zu bekennen und es keck herauszusagen, daß ich noch niemals in dieser Art etwas Wunderbareres gesehen, gehört, gelesen oder gedacht habe: ja, ich glaube, daß seit der Weltschöpfung die Sonne nichts Ähnliches, geschweige denn Wunderbareres beschienen hat."

Es sei nur nebenbei angeführt, daß sich in der „Technica curiosa" von Schott auch die erste Notiz von einer Taucherglocke findet. Danach sollen im Jahre 1538 zu Toledo sich zwei Griechen mit einem brennenden Lichte unter einem Kessel in das Wasser begeben haben und wieder unversehrt heraufgekommen sein.

Die Luftpumpenbeschreibung durch Schott in seiner „Mechanica hydraulico-pneumatica“ regte den englischen Physiker Robert Boyle (1626—91) zu ähnlichen Arbeiten an, deren wir am Schlusse dieses Kapitels gedenken werden. Einige seiner Vorschläge beherzigte Guericke bei späteren Konstruktionen seiner Luftpumpe. Auf dem Regensburger Reichstage waren mancherlei Fragen an ihn gerichtet worden, die er noch zu lösen dachte. So gab er z. B. noch einen Versuch an, der, wie die „Magdeburger Halbkugeln“, die beträchtliche Stärke des Luftdruckes dartun sollte. An einem Balkengerüste wurde ein Kupferzylinder $K$ (Fig. 12) von etwa 60 cm Höhe und 50 cm Durchmesser mit wenig gewölbtem Boden befestigt. In dem Zylinder bewegte sich luftdicht ein Stempel $S$, an dem ein Seil $T$ geknüpft war, das über eine feste Rolle $R$ lief und sich am Ende in viele Einzeltaue teilte. Am unteren Zylinderende befand sich eine Ansatzröhre mit Hahn $H_1$, an die man ein entleertes Gefäß $G$ mit Hahn $H_2$ anschrauben konnte. Befand sich der Stempel ganz unten in dem Zylinder, so konnten 20 Männer, die an den Haltetauen angriffen, den Stempel nicht völlig herausziehen, sie brachten ihn höchstens bis zur Mitte des Zylinders. Öffnete man nun $H_1$ und $H_2$, so wurde der Stempel durch den jetzt plötzlich stärker wirkenden Atmosphärendruck mit so großer Gewalt in den Zylinder hineingedrückt, daß die Männer nicht standhalten konnten.

Guericke untersuchte auch den Schall im leeren Raume mit etwas mehr Glück als die Accademia del Cimento. Er brachte eine Glocke, die durch ein Uhrwerk in bestimmten Intervallen erregt wurde, in den Rezipienten und bemerkte, daß der Ton der Glocke um so schwächer wurde, je mehr man die Luft herauspumpte. Ließ man wieder Luft zutreten, so nahm die Stärke des Tons wieder zu. Als er den Versuch mit einer Holzklapper wiederholte, hörte man deren Schlag auch beim Evakuieren. Guericke entging die Schalleitung in festen Körpern; er meinte, ein Ton ersticke im Vakuum, ein Geräusch aber nicht.

Er fand, daß Tiere im luftleeren Raum verenden, daß ein Licht nicht weiter brennen kann, daß abgestandenes Bier wieder aufschäumt usw. Die Ausdehnung lufterfüllter Gegenstände im leeren Raum zeigte er an einer zugebundenen Ochsenblase, die zwischen den Magdeburger Halbkugeln aufschwoll und schließlich mit starkem Knall zerplatzte.

Es würde uns zu sehr ablenken, wollten wir alle Versuche Guerickes mit der Luftpumpe beschreiben. Das Fehlen des Tellers und der abnehmbaren Glocke erschwerte die Handhabung beträchtlich, mancher unserer Vorlesungsversuche wurde daher von Guericke in etwas umständlicher Form angegeben. Wir erwähnen endlich noch seinen Wärmemesser, den er „Mobile perpetuum" nannte. Dieses Instrument bestand aus einer lufterfüllten Metallkugel, an deren unterem Ende eine U-förmige Kupferröhre befestigt war, die etwas

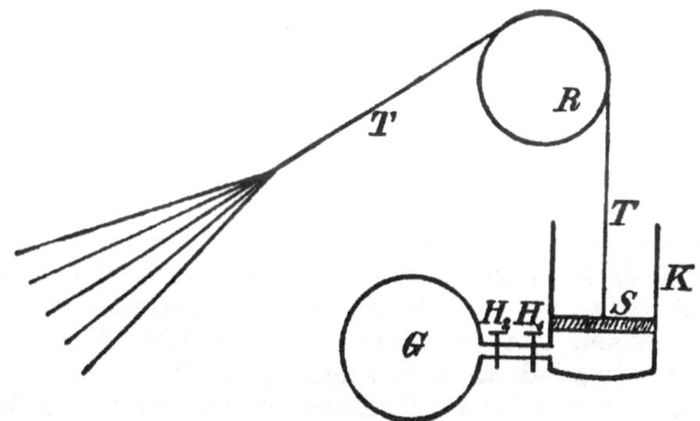


Fig. 12. Apparat des Otto von Guericke, um die Kraft des Luftdrucks zu zeigen.

Weingeist enthielt. Je nach der Lufttemperatur bewegte sich die Flüssigkeit, dadurch hob oder senkte sich im freien Ende der U-Röhre ein Schwimmer, der durch eine Schnur und eine feste Rolle mit einem Figürchen in Verbindung stand. Dieses zeigte dann mit seinem ausgestreckten Arme den Wärmezustand auf einer Skala an, die das U-Rohr völlig verdeckte. Es waren 7 Wärmegrade bezeichnet, die man etwa wiedergeben könnte mit: „sehr kalt, kalt, kühl, mittel, lau, warm, sehr warm". Guericke erkannte, daß die Skalen der Thermometer miteinander vergleichbar sein müssen, und daß man dazu übereinstimmende feste Punkte brauche. Er glaubte dieser Forderung dadurch eher zu genügen, daß er den Luftinhalt der Kugel seines Thermoskopes so änderte, daß die Figur auf den mittleren Punkt der Skala wies, wenn die ersten Nächte mit Reifbildung eintraten.

Das vierte Buch von Guerickes Hauptwerk bietet uns im 7. Kapitel auch einige magnetische Beobachtungen. Dort heißt es: „Nimm einen Eisendraht von Fingerlänge, bringe ihn in der Nordsüdrichtung auf einen Amboß und klopfe beide Enden mit einem Hammer; hänge dann den Draht frei auf, so wirst dù sehen, daß er sich wie die Magnetnadel richtet. Daher erlangt auch das stählerne Werkzeug der Schmiede, mit dem sie Eisen durchbohren, diese Kraft wegen der wiederholten starken Reibung und zieht reichlich Eisenfeilspäne an. Selbst alle eisernen Gitter, mit denen man Fenster zu schützen pflegt, erlangen diese Kraft in 15 und mehr Jahren in der Luft, und zwar nicht nur die horizontal von Norden nach Süden laufenden, sondern auch die der Länge nach senkrecht stehenden Stäbe. Ihr unteres Ende erweist sich als Nord-, ihr oberes als Südpol.“

Das 15. Kapitel des vierten Buches beschreibt Experimente mit einer Schwefelkugel, die man nicht sehr zutreffend als erste Elektrisiermaschine bezeichnet hat. Guericke füllte eine Glaskugel von der Größe eines Kinderkopfes mit Stücken von Schwefel, den er schmolz und erstarren ließ, nachdem er einen Eisenstab als Achse hineingesteckt hatte. Die durch Abklopfen des Glases erhaltene Schwefelkugel wurde dann in ein Holzgestell gelegt und mittels des Stabes gedreht. Durch Reibung an der trockenen Hand wurde sie elektrisch. Guericke zeigte, daß sie leichte Körper nicht nur anzog, sondern dann auch wieder abstieß. Er konnte so z. B. eine Flaumfeder im ganzen Zimmer herumtreiben, „ja auch erreichen, daß sie sich einem an die Nase hängte“. Erst wenn man die Feder wieder mit etwas berührte, z. B. der Hand, einem Leinenfaden usw., kehrte sie zur Kugel zurück, um das Spiel von neuem zu beginnen. Nähert man der abgestoßenen Feder eine brennende Kerze, „so kehrt sie plötzlich zur Kugel zurück und sucht bei ihr gewissermaßen Schutz“. Wir haben es hier erstmalig mit der bekannten Wirkung der Flammengase zu tun. Hängt über der geriebenen Schwefelkugel ein Leinenfaden bis dicht an sie herab, so weicht das untere Fadenende dem genäherten Finger aus. Wir würden sagen: im Finger und im Fadenende wird positive Elektrizität influenziert, wodurch die Abstoßung erfolgen muß. Ließ Guericke an einem oben zugespitzten Holze einen Leinenfaden herabhängen und näherte er der Spitze die elektrische Schwefelkugel, so wurde das untere Fadenende von irgend einem genäherten Gegenstand angezogen. „Dadurch läßt sich unstreitig zeigen, daß sich die Kraft in dem Leinenfaden bis zu den äußersten Teilen ausgebreitet hat.“ „Hält man die geriebene Kugel ans Ohr, so hört man in ihr ein knisterndes Geräusch.“ „Wenn man sie in ein dunkles Zimmer bringt und mit der trockenen Hand reibt, sieht man sie leuchten wie zerbrochenen Zucker.“

Den elektrischen Funken hat Guericke allem Anschein nach nicht beobachtet. Man darf das aus der erstaunten Antwort auf einen Brief von Leibniz schließen, der ihn auf den Funken aufmerksam macht, den man mit der geriebenen Schwefelkugel erhalten kann. Vielleicht hat Guericke noch manche elektrische Erscheinung beobachtet, die für die Physik von hoher Wichtigkeit geworden wäre und den Entwickelungsgang der Elektrizitätslehre beschleunigt hätte, aber es fehlen uns weitere Notizen. Guericke sagt nämlich leider am Schlusse des 15. Kapitels im vierten Buch: „Andere seltsame Erscheinungen, die sich bei dieser Kugel zeigen, wollen wir mit Stillschweigen übergehen.“

Es ist ungemein zu bedauern, daß Guericke den Gedankengang, wie er ihn bei seinen Luftpumpenversuchen befolgte, nicht auch bei den elektrischen Erscheinungen eingehalten hat. Hier geht er nämlich von mehreren „Weltkräften“ aus, die etwas fragwürdiger Natur sind, und sucht seine „vorgefaßte Meinung“ zu beweisen. Er meint z. B., wie die rotierende Schwefelkugel Papierschnitzel festhalte und mit herumführe, so nehme auch die Erde die auf ihr befindlichen Körper bei der täglichen Umdrehung mit sich.

Das sechste Buch handelt von den kosmischen Systemen. „Die Lehre des Coppernicus ist wahr und jeder anderen vorzuziehen“ ist der leitende Grundgedanke, den Guericke eifrig verfolgt. Einen „Glauben“ an ein bestimmtes System darf die Kirche nicht vorschreiben. „Warum glauben, wenn man wissen kann. Glauben heißt, einer Sache beistimmen wegen des Ansehens, das der Vortragende genießt; wissen heißt, eine Sache kausal erkannt haben.“ „Astronomische Dinge haben nichts mit biblischen Fragen zu tun.“ „Aus der H. Schrift sollen wir den Weg zum Heil erkennen, aber nicht den zur mathematischen Wissenschaft."

Das letzte Kapitel des ganzen Werkes handelt von dem Sternenheere, seiner äußersten Grenze und von der Unendlichkeit des Universums. Es schließt mit den Worten: „Wenn wir nachts bei heiterem Wetter den unermeßlich endlosen Himmel betrachten, sehen wir mit unserem geistigen und körperlichen Auge den unsichtbaren Herrn der himmlischen Heerscharen in Licht gehüllt wie in ein Gewand mit glitzerndem Diamantenschmuck. Weiteres ist nach unserer Auferstehung dem ewigen seligeren Leben vorbehalten. Denn unser Wissen ist nur Stückwerk, sagt der Apostel..... Wir sehen jetzt nur ein Spiegelbild, nur ein Rätsel, dann aber von Angesicht zu Angesicht. Bis dahin sei Gott dem Vater, dem Sohne und dem H. Geiste, dem dreieinigen Gotte, dem Schöpfer und Erhalter aller Dinge, Ehre, Preis und Ruhm in alle Ewigkeiten."

Der schon früher erwähnte Robert Boyle beschrieb seine Luftpumpenversuche in seinem Erstlingswerke aus dem Jahre 1660: „New experiments, Physico-Mechanical, touching the Spring of the Air and its Effects". Wir führen die Hauptgedanken aus dieser und seinen anderen Schriften an. Er erzielte die Bewegung des Kolbens seiner Luftpumpe durch eine Triebkurbel mit einer Zahnstange, wie bei den heutigen kleineren Apparaten. Er konnte zeigen, daß ein Heber im Vakuum nicht mehr fließt, und daß die Erzeugung von Wärme durch Reibung oder Löschen von Kalk von der Gegenwart der Luft unabhängig ist. Lauwarmes Wasser geriet im Rezipienten ins Kochen. Er glaubte auch, einen Einfluß des leeren Raumes auf die magnetische Kraft gefunden zu haben: der Anker eines Magneten fiel nämlich beim Evakuieren ab. Erst Pieter van Musschenbroek (1692—1761) erklärte dies (1729) richtig aus den Erschütterungen der Maschine beim Auspumpen. Ergebnislos blieben Boyles Experimente über Elektrizität im Vakuum, wohl aber konstatierte er, daß sich ein Körper leichter durch Reibung elektrisch machen lasse, wenn man ihn zuvor erwärmt habe, sowie daß auch ein unelektrischer Gegenstand einen (beweglichen) elektrischen anziehe.

Saugte Boyle mit der Luftpumpe Flüssigkeiten in Röhren empor, so verhielten sich die Steighöhen umgekehrt wie die spezifischen Gewichte (Hydrometer Boyles). Für Quecksilber war die Steighöhe gleich dem Barometerstand. Das spezifische Gewicht dieses Metalls erhielt er auch mit kommunizierenden Gefäßen, in die er Wasser und Queckilber füllte. Waren $H$ und $h$ die bezüglichen Längen der Flüssigkeitssäulen, von der Berührungsfläche aus gemessen, so ergab sich

$$\varepsilon_{\text{Quecksilber}} : s_{\text{Wasser}} = H : h = 13\tfrac{3}{4} : 1 \,.$$

Er erhielt auch das spezifische Gewicht durch Vergleich der Mengen Quecksilber und Wasser, die dasselbe Glasgefäß anfüllten (ähnlich unserem Pyknometer).

Auf sein für das Studium des Luftdrucks wichtiges Gesetz kam Boyle durch eine Kontroverse mit einem Professor Linus in Lüttich (1595—1675), der behauptete, das Quecksilber werde in der Barometerröhre durch „Fädchen" festgehalten, die man fühlen könne, wenn man das Glasrohr nicht zuschmelze, sondern es am oberen Ende mit dem Finger verschließe.

Boyle benutzte eine U-förmige Glasröhre, deren kürzerer Schenkel oben zugeschmolzen war. Goß er nach und nach Quecksilber in das längere Rohr, so wurde die Luft im kürzeren Schenkel zusammengepreßt. Boyles Schüler Townley fand das eigentliche Gesetz, nach welchem die Luftvolumina den jeweiligen Drucken umgekehrt proportional sind. Boyle gab dann die Verallgemeinerung auch für verdünnte Luft.

Das gleiche Gesetz wurde unabhängig von dem englischen Forscher im Jahre 1679 nochmals entdeckt und etwas bestimmter ausgesprochen durch den Franzosen Mariotte (1620—84), dessen Namen es auch heute in unseren Physikbüchern zu tragen pflegt, wohl deshalb, weil er die Abhängigkeit des Barometerstandes von der Höhe des Ortes aus diesem Gesetz (allerdings inkorrekt) herleitete und in eine Formel brachte, die ungenau und unbrauchbar ist, da er Reihen von der Form $\sum_{0}^{k}{}_{n} \dfrac{a}{a-n}$ durch arithmetische Progressionen ersetzte.

Erst der englische Astronom Edmund Halley (1656 bis 1742) gab 1686 die richtige Formel für barometrische Höhenmessung, die darauf hinausläuft, daß die erreichte Höhe der

Differenz der Logarithmen der beobachteten Barometerstände proportional ist, also:

$$h = c(\log b_0 - \log b_h) .$$

Die erforderlichen Korrekturen, sowie eine genaue Bestimmung der Konstanten $c$ stammen noch nicht von Halley.

Aus der großen Zahl der von Boyle angestellten Experimente heben wir noch hervor, daß er einen wassergefüllten Flintenlauf in eine Kältemischung brachte und die Ausdehnung des Wassers beim Gefrieren, ähnlich wie die Accademia del Cimento, demonstrierte. Er bemerkte, daß das Salz der Kältemischung flüssig wurde. Ein anderer Versuch aus dem Gebiet der Wärmelehre blieb ihm unerklärlich. Als er nämlich einen roten Dachziegel, der an einer Stelle schwarz, an einer anderen weiß angestrichen war, in die Sonne legte, fand er die Erwärmung am schwarzen Teile am bedeutendsten, am weißen am geringsten (1663). Ebenso konnte er mit einem Brennspiegel leichter schwarzes als weißes Papier entzünden. Er wußte auch, daß schwarze Handschuhe die Hände mehr erwärmen als weiße. Ganz ohne Erfolg suchte Boyle das Licht zu wägen, indem er Sonnenstrahlen auf die eine Schale einer Wage fallen ließ.

Wir schließen hier sofort die weiteren Verdienste des bereits erwähnten Mariotte an. In einer erst nach seinem Tode erschienenen Schrift bespricht er das Ausfließen von Flüssigkeiten aus Röhren. Er zieht zur Erklärung die Reibung heran und begründet damit die der Theorie gegenüber zu kleine Höhe von Springbrunnen, wie er das oft zu Chantilly und Versailles bemerkt hatte. In derselben Schrift (1686) wird auch die „Mariottesche Flasche" beschrieben, die wir heute gebrauchen, um eine Flüssigkeit unter konstantem Drucke ausfließen zu lassen. Besonders bekannt ist die Auffindung des sog. blinden Fleckes im Auge. Er befestigte an einer Wand zwei Papierstückchen in einem Abstand von etwa 2 Fuß, das rechte etwas tiefer als das linke. Schloß er dann das linke Auge und fixierte mit dem anderen das linke Papierstück, so verschwand das rechte bei einer bestimmten Entfernung von der Wand (etwa 10 Fuß). Das Bild des rechten Papiers fällt dann nämlich auf die Eintrittsstelle des Sehnerven in das Auge. Zuletzt sei noch erwähnt, daß es Mariotte gelang, Schießpulver im Brennpunkt einer bikonvexen Eislinse zu entzünden, die er aus luftfreiem Wasser hergestellt hatte.

## Christian Huygens.

Im Gründungsjahre (1657) der Accademia del Cimento wurde durch die Generalstaaten einer der wichtigsten Apparate für die exakten Wissenschaften, eines der unentbehrlichsten Geräte des täglichen Leben patentiert, nämlich die Pendeluhr. Diese eine Erfindung würde allein schon genügen, um den Namen ihres Urhebers, Christian Huygens, in der Geschichte der Wissenschaften unvergeßlich zu machen, wenn nicht auch noch zwei andere Früchte seiner genialen Arbeiten, die verbesserte Taschenuhr und die Undulationstheorie des Lichtes, ihm einen Ehrenplatz sicherten.

Der Verdienste, die sich Christian Huygens (1629 bis 1695) auf mathematischem Gebiete erwarb, ist schon in einem anderen Bändchen dieser Sammlung gedacht worden[1]). Die ersten naturwissenschaftlichen Erfolge durfte er auf astronomischem Gebiete verzeichnen. Seit 1655 beschäftigte er sich mit der Verbesserung der Fernrohre. Es gelang ihm dadurch, einen Mond des Saturn zu entdecken (25. März 1655), sowie die wahre Gestalt dieses Planeten, den Galilei so merkwürdig gesehen hatte. Huygens bemerkte erstmals, daß der Saturn „von einem ebenen, dünnen, gegen die Ekliptik geneigten Ring umgeben ist, der nirgends mit dem Planeten zusammenhängt"[2]). 1656 entdeckte er auch den Ringnebel im Orion.

Die zu jener Zeit gebräuchlichen Räderuhren litten unter dem Umstand, daß sie nicht regelmäßig gingen und viel zu häufig gerichtet werden mußten, z. B. Tychos

[1]) Vergleiche Sammlung Göschen Nr. 226 S. 107f., 117 126 ff.
[2]) Vregleiche Sammlung Göschen Nr. 91, S. 28.

Riesenuhr nach jeder Viertelstunde. Man gebrauchte wohl eine Hemmung in Verbindung mit einem Horizontalpendel, das aber mangels isochroner Schwingungen nur ein schlechter Notbehelf war. Das gewöhnliche Pendel wurde nach Galileis Entdeckung gern zum Messen kleinerer Zeiten benutzt, wobei man jedoch das Fehlen eines Zählwerks unangenehm empfand. Galilei wollte ein solches konstruieren, es erschien ihm aber schließlich zweckmäßiger, umgekehrt eine Räderuhr mit einem Pendel zu verbinden. Seine Erblindung sowie seines Sohnes Vincenzio früher Tod ließen den Gedanken nicht zur Ausführung kommen.

Huygens gebührt unstreitig das Verdienst, die erste Pendeluhr (1656) konstruiert zu haben, sicherlich völlig unabhängig von Galilei. Am 16. Juni 1657 erhielt er von den Generalstaaten ein Patent für seine Erfindung, die er im folgenden Jahre in der Schrift „Horologium" beschrieb. Ausführlicher handelt darüber, sowie über die Theorie des mathematischen und physischen Pendels überhaupt das 1673 zu Paris erschienene Hauptwerk: „Horologium oscillatorium". Huygens knüpft darin an eine von Mersenne 1646 gestellte Frage an, wie man die Schwingungsdauer ebener Figuren berechnen könne. Das Problem harrte noch seiner Lösung. Huygens geht davon aus, daß es in einem physischen Pendel einen Punkt geben muß, der gerade so schwingt, wie wenn die ganze Masse in ihm zu einem mathematischen Pendel vereinigt wäre. Huygens nennt ihn „Schwingungspunkt" (centrum oscillationis). Kennt man seinen Abstand vom Aufhängepunkt, die sogenannte reduzierte Pendellänge, so kann man das physische Pendel als mathematisches behandeln. Es gelang Huygens, zu zeigen, daß man die reduzierte Pendellänge $\lambda$ erhält, wenn man das Trägheitsmoment $\sum_\alpha m_\alpha r_\alpha^2$

des Pendels durch das statische Moment $\sum_\alpha m_\alpha r_\alpha$ seiner Masse teilt. Es ist also

$$\lambda = \frac{\sum_\alpha m_\alpha r_\alpha^2}{\sum_\alpha m_\alpha r_\alpha}.$$

Die Lösung dieser Aufgabe erfordert in der größten Mehrzahl aller praktisch vorkommenden Fälle schwierige Integrationen, denen die damalige Mathematik nicht gewachsen war. Huygens gab daher die Lösung nur für einfachere Figuren und Körper. Er fand auch den wichtigen Satz, daß man Aufhängepunkt und Schwingungspunkt ohne Änderung der Schwingungsdauer vertauschen kann. Man verwendet diese Tatsache bekanntlich bei dem Reversionspendel von Bohnenberger (1811) und Kater (1818).

Die Theorie des physischen Pendels läßt sich also auf diejenige des mathematischen zurückführen, für welches Huygens erstmals die Formel der Schwingungsdauer aufstellte. Er kam dazu durch die Aufgabe, die Bahn zu ermitteln, auf der ein schweres Massenteilchen in stets gleichen Zeiten von irgend einem Bahnpunkt bis zum tiefsten Punkt fällt. Er fand als einzig mögliche Lösung die mit ihrem Scheitelpunkt nach unten gerichtete Zykloide, die man daher als „Tautochrone" bezeichnen darf. Huygens fand folgende wichtige Beziehung: „Die Zeit $t$, die ein auf der Zykloide sich bewegender Punkt zu einer Schwingung braucht, steht zu der Fallzeit $\tau$ durch die Höhe $h$ der Zykloide in demselben Verhältnis, wie der Umfang eines Kreises zu seinem Durchmesser." Es ist also

$$t : \tau = \pi : 1$$

oder

$$t = \pi \cdot \tau .$$

Ist der Weg eines freifallenden Körpers in der ersten Sekunde $w = \frac{g}{2}$, so ist offenbar

$$\tau : 1 = \sqrt{h} : \sqrt{w} = \sqrt{h} : \sqrt{\frac{g}{2}}$$

oder

$$\tau = \sqrt{\frac{2h}{g}},$$

also

$$t = \pi \sqrt{\frac{2h}{g}}.$$

Huygens geht nun auf den Krümmungskreis der Zykloide im tiefsten Punkt über. Dort fallen beide Kurven ein unendlich kleines Stück zusammen. Ein gewöhnliches Pendel, dessen Länge $l$ gleich dem Krümmungsradius $\varrho$ der Zykloide im tiefsten Punkt ist, würde also auf jenem kleinen Stückchen die gleiche Schwingungsdauer $t$ haben. Nun ist bekanntlich der Krümmungsradius der Zykloide im tiefsten Punkte $\varrho = 2h$, also auch $l = 2h$. Demnach ist

$$t = \pi \sqrt{\frac{l}{g}}.$$

Dabei sind noch unendlich kleine Schwingungen vorausgesetzt, also gilt diese bekannte Formel auch mit großer Annäherung für kleine endliche Schwingungen. Da solche bei einem gewöhnlichen Pendel nicht bequem zu erzielen sind, ersann Huygens das Zykloidenpendel, dessen Faden sich an zwei zykloidal gekrümmten Blechen auf- und abwickelte. In diesem Falle beschreibt nämlich die Pendelscheibe ebenfalls eine Zykloide. Huygens stützt sich dabei auf die von ihm gefundene geometrische Wahrheit, daß die Evolute einer Zykloide wieder eine solche Kurve ist.

Huygens benutzte seine Pendelformel auch zur Bestimmung von $g$ (dem doppelten Weg eines freifallenden Körpers in der ersten Sekunde; wir sagen: die Schwerebeschleunigung). Er verfertigte ein Sekundenpendel ($t = 1$) und erhielt dann aus der Formel

$$1 = \pi \sqrt{\frac{l}{g}}$$

die Größe

$$g = \pi^2 . l .$$

Er fand den Wert: $g = 31$ Fuß.

Huygens empfand es störend, daß eine gewöhnliche Pendeluhr keine stetige, sondern nur eine stoßweise Bewegung liefert. Das führte ihn zu dem konisch schwingenden Zentrifugalpendel, wie es z. B. später bei der Tertienuhr des Uhrmachers Pfaffius in Wesel zur Anwendung kam (1804).

Ein Vorschlag von Huygens ist leider unberücksichtigt geblieben, nämlich die Länge des Sekundenpendels als Normallängeneinheit einzuführen. Er konnte selbst sich von der Schwierigkeit überzeugen, als er erfuhr, daß diese Größe gar nicht als konstant angesehen werden darf. Dies war zuerst dem Astronomen Jean Richer († 1696) aufgefallen, der 1671—72 auf der Insel Cayenne mit geodätischen Messungen beschäftigt war. Seine aus Paris mitgenommene Pendeluhr ging nämlich im Tage etwa 2 Minuten nach, er mußte daher die Pendelstange zur Regulierung um $1^1/_4$ Linien verkürzen und sie bei der Rückkehr nach Paris um den gleichen Betrag verlängern. Im Gegensatz zu der Pariser Akademie, die an einen Temperatureinfluß dachte, erklärte Richer die Tatsache aus der Annahme, die Erde sei keine vollkommene Kugel, sondern gegen die Pole zu abgeplattet. Huygens bestätigte in einem Anhang zu seinem optischen Hauptwerk (1690) diese Ansicht und konnte auch durch seine Studien über die Zentrifugalkraft, für die er die bekannten Formeln gab, eine Abplattung an den Polen begründen und berechnen. Indem er eine weiche Tonkugel in schnelle Rotation versetzte, erbrachte er auch den experimentellen Beweis.

Auf eine von der Royal Society 1668 gestellte Preisaufgabe über die Lehre vom Stoß lieferte Huygens neben Wallis (1616—1703) und Wren (1632—1723) eine Abhandlung, die denen der Konkurrenten bedeutend überlegen war. Sie enthält z. B. den wichtigen Satz von der Erhaltung der Bewegungsgröße, sowie den anderen, daß beim elastischen Stoß die Summe der Produkte aus den Massen und den Quadraten der Geschwindigkeiten sich durch den Stoß nicht ändert. Wir müssen es uns leider versagen, auf die Bedeutung Huygens' für die Entwicklung der mechanischen Prinzipien weiter einzugehen, und wollen nur erwähnen, daß er die Unmöglichkeit eines „Perpetuum mobile" klar erkannte.

Wir wenden uns zu der Verbesserung der Taschenuhr durch Huygens. Der Schlosser Peter Henlein (Hele?) zu Nürnberg soll der erste gewesen sein, der (1510) tragbare Uhren verfertigte, die man mit Rücksicht auf ihre längliche Gestalt und ihre Heimat „Nürnberger Eier" hieß. Sie besaßen eine Spiralfeder, die das ganze Werk trieb. Natürlich war der Gang dadurch sehr unregelmäßig. Huygens fügte darum noch eine zweite Feder bei, die sogenannte Unruhe, durch die die Schwingungen der eigentlichen Triebfeder reguliert wurden. Der englische Physiker Robert Hooke (1635—1703), welcher fast bei jeder Erfindung oder Entdeckung seiner Zeit sein Prioritätsrecht, meist unbegründet, geltend machte, tat dies auch hier. Er will die „Unruhe" schon 1658 ersonnen haben, tatsächlich erschien sein Instrument erst 1675, während Huygens' verbesserte Taschenuhr bereits 1674 durch den Uhrmacher Turet in Paris verfertigt wurde.

Von Huygens rührt auch ein Apparat her, den man als einen Vorläufer unserer Dampfmaschinen oder Gasmotoren bezeichnen kann, die sogenannte Schießpulvermaschine. Huygens hatte sie ersonnen, um, wie es in seinem Tagebuch am 13. Februar 1673 heißt, „stets eine sehr bedeutende Triebkraft zur Verfügung zu haben, die keine Unterhaltungskosten erfordert, wie Menschen und Pferde". In einem verzinnten Eisenzylinder konnte sich ein luftdicht schließender Kolben bewegen, der durch die Gase von entzündetem Schießpulver in die Höhe geworfen und dann durch den Luftdruck wieder herabgepreßt wurde, nachdem den Gasen ein Ausweg geboten war. An diesen Apparat knüpft die später zu besprechende Dampfmaschine von Papin (1647—1712) an, der seit 1673 Huygens' Gehilfe war und den Schießpulvermotor vor Necker, dem Minister Louis XIV., in Tätigkeit zeigte. Auch die Luftpumpe hat Huygens zweckmäßig verändert; er gab ihr nämlich den Teller, auf dem man den Rezipienten aufsetzen und mit einem Kitt aus Terpentin und gelbem Wachs dichten konnte, sowie die Barometerprobe mit einer Wasserfüllung. Erst Papin benutzte Quecksilber zum gleichen Zweck, verwendete auch erstmals eine zweistieflige Pumpe, sowie einen doppeltdurchbohrten Hahn. Dieser hatte eine Durchbohrung wie jeder gewöhnliche Hahn und außerdem noch an einer Seite eine Längsrille, so wie sie sich an unseren Tropfgläsern vorfindet; dadurch konnte der Rezipient und der Stiefel mit der Atmosphäre in Verbindung gesetzt werden. Senguerd in Leiden (1646—1724) führte die Rille nicht an der Seite entlang, sondern verwendete eine zweite Durchbohrung, was nur eine unwesentliche Veränderung bedeutet. Nur erwähnt sei aus der folgenden Zeit der Hahn mit der T-Durchbohrung von Babinet (1794—1872), sowie der Hahn von Graßmann, durch welchen sich bei zweistiefligen Pumpen der Einfluß des sogenannten schädlichen Raumes zum größten Teil beseitigen läßt. Die liegende Anordnung des Stiefels, wie sie unsere kleinen Luftpumpen aufweisen, stammt von Jan van Musschenbroek (1687 bis 1748), Senguerd und Leupold (1674—1742). Erst die Luftpumpe von 's Gravesande hat eine Vorrichtung, durch welche die Bewegung des Hahns von der Kolbenstange besorgt wird, so daß ein Versehen des Experimentators ausgeschlossen ist. Ob wir die Erfindung der Ventilluftpumpe Papin oder Sturm (1635—1703) zuschreiben müssen, läßt sich nicht entscheiden.

Es erübrigt noch neben den Verdiensten Huygens' auf mechanischem Gebiet, die zu dieser Abschweifung Anlaß gaben, seine optischen Arbeiten, vor allem seine Undulationstheorie des Lichtes hier anzuführen. Es erscheint jedoch zweckmäßiger darauf erst einzugehen, wenn wir die diesbezüglichen Studien Newtons besprochen haben.

## Isaak Newton.

Mit Isaak Newton (1642—1727) beginnt die eigentliche mathematische, oder wie man heute lieber sagt, theoretische Physik, die von da ab auf eine für sie höchst charakteristische Art Probleme in Angriff nimmt, bei denen die experimentelle Forschung versagt oder doch häufig mit bedeutenden Schwierigkeiten zu kämpfen hat. Zumeist gehen natürlich mathematische und experimentelle Behandlung nebeneinander her, ja sie wirken sogar befruchtend aufeinander, in vielen Fällen überwiegt aber das mehr mathematische Interesse, wie zum Beispiel auf dem Gebiete der analytischen Mechanik, die man meistenteils mehr für eine Disziplin der Mathematik als der Physik ansieht. Seit Newton sehen wir eine Reihe der bedeutendsten Mathematiker mit dergleichen Fragen beschäftigt, um so mehr als die durch Newton und Leibniz (1646 bis 1716) erfundene[1]) Differential- und Integralrechnung ein treffliches Werkzeug hierfür darbot. Wir müßten den Rahmen unserer Schrift ungebührlich erweitern, wenn wir solche mehr mathematische Dinge mitbehandeln wollten. Wir werden wie bisher das Hauptgewicht auf die Entwicklungsgeschichte der eigentlichen Experimentalphysik legen und theoretische Fragen nur so weit kurz streifen, als sie für unsere Darstellung unbedingt erforderlich sind.

Wir beginnen mit Newtons berühmten Untersuchungen über Spektralfarben. Er lieferte zunächst den Nachweis, daß Licht verschiedener Farbe verschieden brechbar ist. Er betrachtete z. B. ein Blatt Papier, dessen linke Hälfte blau, dessen rechte rot war, durch ein wagrecht gehaltenes Prisma, dessen brechende Kante oben war. Dann erschien

[1]) Vergleiche Sammlung Göschen Nr. 226, S. 122 ff.

die blaue Hälfte höher als die rote, dagegen tiefer, wenn die Kante unten war. Spannte er über das Papier zwei schwarze Seidenfäden und beleuchtete es kräftig, so daß er mit einer Konvexlinse ein reelles Bild davon auf einem Schirme entwerfen konnte, so gelang es ihm nicht, für beide Hälften gleichzeitig scharf einzustellen. Richtete er es nämlich so ein, daß der Faden auf dem blauen Grund deutlich erschien, so mußte er den Schirm näher an die Linse heranrücken als für die Einstellung bei blauem Untergrund. Der Vereinigungspunkt für blaue Strahlen lag also näher an der Linse, d. h. die blauen Strahlen sind stärker brechbar als die roten. Ein ähnliches Resultat erhielt Newton, als er die Spektralfarben auf ein bedrucktes Blatt Papier projizierte und durch eine Linse reelle Bilder der Buchstaben erzeugte.

Entwarf er das Spektrum eines durch ein Prisma gegangenen Sonnenstrahls auf einer Wand, so waren die blauen Strahlen am meisten von ihrer ursprünglichen Richtung abgelenkt, also am stärksten gebrochen. Bewegte er das Prisma, so wanderte das Spektrum an der Wand; wenn es umkehrte, stellte er das Prisma fest [Minimum der Ablenkung]. Hinter diesem wurde ein Brett mit einer Öffnung so angebracht, daß nur Strahlen einer Farbe hindurch konnten, die außerdem noch die Öffnung eines andern Brettes passieren mußten und dann auf ein zweites Prisma trafen. Dieses brach wohl die farbigen Strahlen, zerlegte sie aber nicht mehr. Drehte Newton das erste Prisma, so zeigte sich sofort, daß die roten Strahlen durch das zweite Prisma weniger gebrochen wurden als die violetten. Daß die Spektralfarben durch ein weiteres Prisma nicht weiter zerlegt werden können, hatte (1650) bereits der Mediziner Marci de Kronland (1595—1667) gezeigt. Besonders wichtig erschien es Newton, daß er wieder Weiß erhielt, wenn er die Spektralfarben konvergent machte. Er sah darin einen guten Beweis für seine Ansicht, daß das weiße Licht aus Strahlen verschiedener Farbe bestehe. Die diesbezüglichen Versuche waren folgende: Er ließ die Spektralfarben durch eine Sammellinse gehen, das entstehende weiße Licht unterschied sich in nichts von dem ursprünglichen. Hielt er eine Farbe durch einen Papierstreifen zwischen Prisma und Linse ab, so zeigte das Bild der übrigen vereinigten Strahlen die zugehörige Komplementärfarbe. Auch mit dem bekannten Farbenkreisel konnte Newton die Vereinigung zu Weiß demonstrieren, weniger gut aber durch Mischen farbiger Pulver.

Fig. 13. Einteilung des Spektrums nach Newton.

Newton unterschied 7 Farben im Spektrum, weil es ihm damit gelang, eine (natürlich sehr erkünstelte) Beziehung zwischen der Breite der Farben und den Tönen der Tonleiter aufzustellen. Trug er nämlich (Figur 13) die Breite $AH$ eines Spektrums $AKLH$ über das Violett hinaus ab, so entsprachen die Abstände des entstandenen Punktes $P$ von den Enden der angenommenen sieben Farben (also $PA$, $PB$ usw.) den Saitenlängen für die Molltonleiter. So erkünstelt diese Relation und so gezwungen die Unterscheidung zwischen Blau und Indigoblau ist, man hat doch Newton zuliebe die Siebenteilung des Spektrums bis auf den heutigen Tag beibehalten.

Alle diese Untersuchungen ermöglichten es Newton, auch der Theorie des Regenbogens näher zu treten. Unter der Annahme des Brechungskoeffizienten von Luft in Wasser für Rot $= \frac{108}{81}$, für Violett $= \frac{109}{81}$ erhielt er als Breite des Hauptbogens $2^0\,17'$ und $3^0\,43'$ für den Nebenbogen. Der innere Radius ergab sich für den Hauptbogen zu $40^0\,10'$, für den Nebenbogen zu $50^0\,43'$.

Newton war des Glaubens, Brechung des weißen Lichts und Zerlegung in die prismatischen Farben seien Tatsachen, die stets gemeinsam auftreten müssen, leugnete also die Möglichkeit, Linsen herstellen zu können, die keine farbigen Säume an den Bildrändern aufweisen, also, wie wir sagen, achromatisch sind. Er dachte deshalb daran, das Objektiv der Fernrohre durch Hohlspiegel zu ersetzen und damit farbenfreie Bilder zu erzielen. Man findet nun häufig Newton das Verdienst zugeschrieben, das erste Spiegelteleskop angegeben zu haben. Das trifft keineswegs zu. Das erste derartige Instrument, das allerdings nur einen kleinen Gesichtskreis hatte, stammt (1616) von Niccolo Zucchi S. J. (1586 bis 1670). Es ist dem Galileischen Fernrohr analog gebaut, indem das durch einen Hohlspiegel erzeugte Bild des Objekts durch eine Konkavlinse betrachtet wird. James Gregory (1638—75) gab in seiner „Optica promota" (1663) ein Teleskop an, bei dem ein großer Hohlspiegel das Bild nach einem kleinen wirft, der seinerseits es wieder nach einer Öffnung im großen Spiegel reflektiert. Dort befindet sich eine Konvexlinse als Okular. Drei Jahre bevor es Gregory gelang, sein Instrument zu bauen, hatte Newton (1668) schon ein anderes konstruiert, bei dem das im großen Hohlspiegel erzeugte Bild des Objekts auf einen unter 45° gegen die Achse des Teleskops geneigten Planspiegel reflektiert wird, der es wieder nach der Seite wirft, wo man es durch eine Sammellinse betrachtet.

Hooke publizierte 1665 eine optische Arbeit mit dem Titel: „Micrographia or philosophical description of minute bodies". Darin beschäftigt er sich u. a. mit den Farben dünner Blättchen, die zuerst Boyle (1663) an Seifenblasen und einigen Flüssigkeiten nach kräftigem Schütteln bemerkt hatte (und die auch 1666 Lord Brereton an verwitternden Fensterscheiben beobachtete). Newton wandte sich diesen Erscheinungen zu. Das führte ihn zu dem bekannten Versuche der „Newtonschen Farbenringe", die entstehen, wenn man eine schwach konvex gekrümmte Linse auf eine ebene Glasplatte drückt. Newton beobachtete in weißem reflektierten Lichte eine Reihe farbiger Ringe, bei homogenem Licht dagegen nur dunkle Ringe, deren Radien sich, wie er fand, wie die Quadratwurzeln aus den geraden Zahlen verhielten. Die Theorie Newtons für diese Erscheinung war eine höchst unglückliche. Der Lichtstrahl hat danach gewisse „Anwandlungen" (fits) ganz seltsamer Natur, über die sich Newton anscheinend selbst nicht klar war. Diese Untersuchungen, die Newton 1675 in dem „Discourse on light and colours" darlegte, verwickelten ihn in eine Polemik mit Hooke, so daß er an seinem Versprechen festhielt, nichts mehr aus dem Gebiete der Optik zu veröffentlichen, solange Hooke lebe. Dieser starb 1703. Nun erst erschien Newtons optisches Hauptwerk (1704) mit dem Titel: „Optics: or a treatise of the reflections, refractions, inflections and colours of light". Mit dem Ausdruck „Inflexion" bezeichnet Newton die Erscheinung der „Beugung des Lichts", die Hooke „Deflexion" und ihr Entdecker Grimaldi am passendsten „Diffraktion" nannte.

Der Jesuit Francesco Grimaldi (1618—63) hatte erstmals gezeigt, daß ein Lichtstrahl von seiner Richtung abgelenkt (gebeugt) wird, wenn er an einem undurchsichtigen Gegenstand vorbeigeht. Als er nämlich einen Stab in den Lichtkegel hielt, der durch eine kleine Öffnung im Fensterladen erzeugt wurde, bemerkte er, daß der Schatten auf einem dahintergestellten Schirm nach innen und außen zu farbig gesäumt und größer war, als er bei geradliniger Lichtfortpflanzung hätte sein müssen.

Hielt Grimaldi in den Lichtkegel eine undurchsichtige Platte mit einer Öffnung, die kleiner war als der Querschnitt des Kegels an dieser Stelle, so sah er auf einem dahintergehaltenen Schirm einen Lichtfleck, der größer war, als man bei geradliniger Fortpflanzung des Lichtes hätte erwarten müssen. Grimaldi konnte zwar den Beweis erbringen, daß man es hier weder mit Brechung, noch Zurückwerfung des Lichts zu tun habe, aber eine

Erklärung konnte er für diese Erscheinung ebensowenig geben, als für die ebenfalls von ihm gefundene Interferenz. Als er nämlich durch zwei Öffnungen im Fensterladen zwei Lichtkegel so auf einen Schirm auffallen ließ, daß die Lichtkreise sich zum Teil überdeckten, sah er den gemeinsamen Teil heller als den andern und von dunkeln Bögen begrenzt. In dem zwei Jahre nach seinem Tode erschienenen Werke „Physico-mathesis de lumine, coloribus et iride" heißt es beim 22. Hauptsatze: „Kommt zu dem Licht, das ein erleuchteter Körper empfängt, noch Licht hinzu, so kann er dunkler werden."

Grimaldi fand auch, daß eine mit feinen Ritzen bedeckte Metallplatte im Sonnenlicht auf einer weißen Wand ein farbiges Bild lieferte. Er hatte also das erste Beugungsgitter. Dieser Versuch führte ihn zu der Ansicht, das farbige Licht sei nur ein Bestandteil des weißen. Eine eigene Theorie des Lichtes hat aber Grimaldi keineswegs gegeben, er deutet nur einmal an, vielleicht bestehe das Licht in einer wellenförmigen Bewegung einer feinen Flüssigkeit. Da er daraus aber keine weiteren Schlüsse zieht, darf man unter keinen Umständen Grimaldi als Begründer der Undulationstheorie ansehen, wie das schon geschehen ist. Ebensowenig ist man hierzu bei Hooke berechtigt, in dessen „Micrographia" auch eine Undulationstheorie für möglich erachtet wird, ohne daß Hooke den Gedanken weiter verfolgt. Der Inhalt dieser Schrift beschäftigt sich mit ganz anderen Dingen, z. B. mit Hookes Arbeiten mit einem zusammengesetzten Mikroskop. Solche waren damals noch nicht allgemein gebräuchlich. Der größte Mikroskopiker jener Zeit, Leeuwenhoek (1632 bis 1723), benutzte noch einfache Instrumente, mit denen er trotz ihrer geringen Vergrößerung wichtige zoologische, botanische und anatomische Entdeckungen machte. Er entdeckte z. B. die roten Blutkörperchen beim Menschen (1673), die Aufgußtierchen (1675), die Blutzirkulation bei Froschlarven (1695) und die Querstreifen bei den willkürlichen Muskeln (1695).

Wir müssen noch auf eine andere wichtige Erscheinung hinweisen, die in jener Zeit entdeckt wurde. Der Mediziner, Mathematiker und Jurist Erasmus Bartholinus (1625—98) zu Kopenhagen beobachtete nämlich (1657) erstmals die Doppelbrechung im Kalkspat an Stücken, die von dem isländischen Berge Roerford stammten. Einer der beiden gebrochenen Strahlen lieferte stets das Brechungsverhältnis $1\,{}^{2}/_{3}$, während sich für den anderen Strahl kein Gesetz aufstellen ließ. Bartholinus hieß ihn deshalb den „beweglichen Strahl".

All diese neuen optischen Entdeckungen forderten zu einer erklärenden Theorie auf. Newton nahm an, das Licht bestehe aus kleinen körperlichen Teilchen, die der leuchtende Körper nach allen Seiten hin entsendet. Die Körperteilchen üben auf die Lichtteilchen Anziehung und Abstoßung aus, wodurch die einzelnen Erscheinungen entstehen. Newton mußte aber außerdem noch eine Reihe von Sonderannahmen machen, das beste Zeichen für eine unzweckmäßige Hypothese. Es gelang ihm eigentlich nur, einigermaßen befriedigend die Refraktion und die totale Reflexion zu erklären. Seine Theorie der gewöhnlichen Zurückwerfung eines Lichtstrahls stand auf sehr schwachen Füßen. Für die Brechung des „beweglichen Strahls" erhielt er ein falsches Gesetz.

Dieser von Newton 1672 z. T. veröffentlichten „Emissions- oder Emanationstheorie" konnte Huygens schon 1678 eine andere, ungemein wahrscheinlichere „Undulationstheorie des Lichts" gegenüberstellen, die besonders in seinem „Traité de la lumière" (1690) ausführlich dargestellt ist. Nach ihr geben Schwingungen eines imponderablen Stoffes das Licht. Damit konnte Huygens für Reflexion und Refraktion vollauf befriedigende Erklärungen liefern, ja sogar für die von Newton unrichtig behandelte Doppelbrechung. Es würde uns zu weit führen, Huygens' Theorie ausführlicher zu erörtern; unsere Physikbücher geben die erforderlichen Aufschlüsse, schließen sich sogar häufig dem Gedankengange Huygens' ziemlich an, da sich die Begriffe: „Wellenfläche, Hauptschnitt" usw. schon alle im „Traité de la lumière" vorfinden, ebenso wie das sog. „Huygenssche Prinzip", wonach man jeden Punkt einer Welle als neues Wellenzentrum betrachten kann.

Erscheinungen der Polarisation, die Huygens an zwei Kalkspatkristallen wahrgenommen hatte, konnte er nicht erklären, weil er an longitudinale Lichtwellen glaubte. Ebenso gab er keine Theorie der Farben. Hierin war Newton glücklicher und verdankt diesem Umstand wohl auch die lange Lebensdauer seiner Emissionstheorie bis in das neunzehnte Jahrhundert hinein, wo es erst gelang, die Entscheidung zwischen den beiden Lehren zu fällen. Man muß sich bei der Abwägung der optischen Verdienste Newtons stets vor Augen halten, daß die meisten seiner diesbezüglichen Entdeckungen durch die Unrichtigkeit der Emissionstheorie keineswegs an Wert verlieren; wir brauchen nur an die Versuche über die prismatischen Farben zu erinnern.

Der Gedanke, daß zwischen den einzelnen Himmelskörpern eine Anziehungskraft herrsche, stammt keineswegs, wie man oft lesen kann, von Newton, sondern findet sich schon bei früheren Physikern gelegentlich vor, allerdings häufig unklar und nur andeutungsweise ausgesprochen. Ein Vergleich mit der Beleuchtungsstärke, die dem Quadrat der Entfernung umgekehrt proportional ist, konnte auf eine ähnliche Beziehung auch für die Anziehungskraft zweier Weltkörper hindeuten.

Newton gebührt das unbestreitbare Verdienst, zunächst die Identität der Schwere mit dieser Attraktionskraft nachgewiesen zu haben, sowie aus der Annahme einer dem Quadrat der Entfernung indirekt proportionalen Wirkung die durch Kepler erkannten Gesetze der Planetenbewegungen hergeleitet zu haben. Wir müssen es uns leider versagen, diese recht verwickelten mathematischen Deduktionen auch nur anzudeuten. Es ist nicht bekannt, in welchem Jahre diese wichtigen Untersuchungen angestellt worden sind; die ersten Anfänge scheinen in das Jahr 1666 zu fallen. Wohl alle auf die Entdeckung bezüglichen Anekdoten, die man hier und dort zu lesen bekommt, sind falsch, ganz besonders diejenige, wonach ein fallender Apfel Newton zu seinen Untersuchungen veranlaßt haben soll.

Was Newton überhaupt auf dem Gebiete der Mechanik geleistet hat, findet sich ausführlich in seinem Hauptwerk: „Philosophiae naturalis principia mathematica" (1687) dargelegt. Man könnte es getrost das erste Kompendium der mathematischen Physik nennen. Wir wollen nur einige Punkte herausgreifen. Newton entkräftet z. B. den bekannten Vorwurf gegen die Lehre des Coppernicus, daß ein freifallender Körper westlich zurückbleiben müsse, mit dem Hinweis, daß er sogar östlich vorauseilen müsse, weil er vor dem Falle eine größere Rotationsgeschwindigkeit besitze. Newton gibt uns ferner den bekannten Satz von der Gleichheit der Wirkung und Gegenwirkung, sowie den Satz vom Parallelogramm der Kräfte in der heute gebräuchlichen Form, der allerdings vorher schon ganz ähnlich durch den Mathematiker Pierre Varignon (1654—1722) abgeleitet worden war. Für die Schallgeschwindigkeit stellte Newton die Formel

$$v = \sqrt{\frac{e}{d}}$$

auf, die aber einen viel zu kleinen Wert liefert. Erst Pierre Simon Laplace (1749—1827) konnte 1816 den Irrtum Newtons aufklären. Da es sich bei der Fortpflanzung des Schalls in der Luft um einen sog. adiabatischen Prozeß handelt, muß noch unter die Quadratwurzel der Faktor $k$ kommen, d. h. das Verhältnis der spezifischen Wärmen bei konstantem Druck und konstantem Volumen.

An die Auffindung des Gravitationsgesetzes knüpft sich eine eigentlich auch noch heute unentschiedene Diskussion über seine physikalischen Grundlagen, da der Gedanke an eine reine Fernwirkung, eine „actio in distans", nicht wohl aufrecht zu erhalten ist. Die mathematische Bedeutung des Gesetzes zur Lösung wichtiger kosmischer Probleme wird dadurch nicht beeinträchtigt.

---

# Namenregister.

# Sachregister.

Zeitfracht Medien GmbH
Ferdinand-Jühlke-Straße 7
99095 Erfurt, Deutschland
produktsicherheit@kolibri360.de